TURING
图灵程序设计丛书

# 大师谈游戏设计
## 创意与节奏

ゲームプランナー集中講座

[日] 吉泽秀雄 —— 著
支鹏浩 —— 译

人民邮电出版社
北京

**图书在版编目（CIP）数据**

大师谈游戏设计 : 创意与节奏 / （日）吉泽秀雄著 ；
支鹏浩译. -- 北京 : 人民邮电出版社, 2017.6（2023.9重印）
（图灵程序设计丛书）
ISBN 978-7-115-45669-4

Ⅰ. ①大… Ⅱ. ①吉… ②支… Ⅲ. ①游戏程序—程
序设计 Ⅳ. ①TP317.6

中国版本图书馆CIP数据核字(2017)第103403号

## 内 容 提 要

本书是《忍者龙剑传》《皇牌空战 3》《风之克罗诺亚》等知名游戏制作人吉泽秀雄的经验之谈。作者根据自身丰富的游戏创作经验，结合大量具体的游戏案例，向读者讲述了如何创作一款有趣、舒服的游戏。书中以“游戏节奏”为主线，从寻找创意开始谈起，到培育创意、创造游戏的节奏、发展游戏的节奏等，介绍了如何通过有意识地掌控节奏来进行游戏创作。读者在阅读本书的过程中，不仅能明白经典游戏是如何诞生的，也能学到很多游戏创作的窍门。

本书适合从事游戏设计、游戏策划相关工作的人士阅读。

◆ 著　　　　[日] 吉泽秀雄
　译　　　　支鹏浩
　责任编辑　杜晓静
　执行编辑　刘香娣
　责任印制　彭志环

◆ 人民邮电出版社出版发行　　北京市丰台区成寿寺路 11 号
　邮编　100164　　电子邮件　315@ptpress.com.cn
　网址　https://www.ptpress.com.cn
　北京天宇星印刷厂印刷

◆ 开本：880 × 1230　1/32
　印张：7.625　　　　2017 年 6 月第 1 版
　字数：197 千字　　　2023 年 9 月北京第 16 次印刷

著作权合同登记号　图字：01-2016-6547 号

定价：49.80 元

**读者服务热线：(010)84084456-6009　印装质量热线：(010)81055316**

**反盗版热线：(010)81055315**

**广告经营许可证：京东市监广登字 20170147 号**

# 推荐序

游戏常被称为“第九艺术”，和其他艺术形式一样，伟大的游戏产品离不开优秀的创意，而创意本身却如无源之水一般让人难以捕捉。提起创意，游戏制作人往往会联想到突如其来的灵感、难以名状的感觉及体验，对于这样一种看似主观的东西，如何才能在游戏创作中准确捕捉到它，并实现它，最终验证它呢？

《大师谈游戏设计：创意与节奏》为我们提供了一些寻找以及实现创意的方法。书中结合大量的游戏实例，从剖析创意的组成要素开始，阐述了将创意转为玩家体验的关键因素是找到合适的游戏节奏，并对在实际的游戏创作中如何体现创意和节奏，给出了大量切实可行的实践技巧。

循着作者的思路，对于市面上种种游戏在体验上的差异，以及造成这种差异的根本原因，会有豁然开朗的感觉。再转向自己曾经制作过的游戏，那些反复讨论仍难以确立的设定，总是与玩家体验密切相关，而这些难题竟然都可以归结于简单的“节奏”二字，不得不让人感慨，这是一种近乎“禅道”的意境。

本书作者是来自日本的一位有着几十年一线游戏开发经验的资深制作人。日本曾推出过很多在玩法上独具匠心的游戏，读过本书后我深切体会到，这与他们追求游戏“玩”的本质和与众不同的创意是密不可分的。对于优秀游戏这份独特的魅力，相信各位亲爱的读者在通读本书之后也会有深切的感受。

墨麟集团 CEO

陈默

# 译者序

说句老实话，写译者序是个让我挺犯怵的事儿。可能是因为翻译做得久了，离开原文就不知道该怎么码字，又或许是“读书观影不剧透”的美德“作祟”，让我的思维不愿意往这方面上拐。每次一要写译者序，我这脑子就宛如大风吹过的蓝天，啥也没有了。

言归正传，该写的咱还是得写。既然是本关于游戏设计的书，话题自然离不开游戏。就电子游戏来说，“80后”是幸运的一代，这代人见证了我国游戏业兴衰的整个过程。我国游戏业起步较晚，任天堂1983年推出风靡全球的FC时，我们大部分人甚至还没有“家用游戏机”这个概念；后来的SFC、N64，以及世嘉的SMS、MD，知道的人也是寥寥无几；索尼的PS和世嘉的土星运气好一些，但真正能买一台放家里玩的人依旧很少。说到这里，我要好好感谢一下小霸王，我认为它对游戏的传播有着很大的贡献。1991年一句“小霸王其乐无穷啊”让游戏机变得家喻户晓；1993年更是凭着“学习机”的名号让很多小朋友有了购买借口，大幅提升了游戏机的普及度。只可惜我们的国产游戏机后来没能与时俱进，游戏机市场被功能越来越强大的PS2、PS3、Wii和Xbox占领，到了现在的次世代家用机市场(PS4、Wii U、Xbox One)，我们已经几乎看不到国产游戏机的身影了。

PC端游戏也是如此。早期的《大富翁》《轩辕剑》《侠客英雄传》，再到后来的《仙剑奇侠传》等，以武侠游戏为首的高质量游戏络绎不绝。然而由于当时盗版猖獗，加之正版游戏定价昂贵（90年代一款正版游戏动辄上百元，一般工薪阶层很难消费得起），使得游戏业一再经受打击。这也是为什么2000年前后随着网络的普及，游戏制作人一窝蜂地拥向了网络游戏。而一些坚守在单机游戏第一线的制作人忘了初心，开始烂打“国产”情怀牌。“情怀牌”这个东西可以打，但是需要质量做保障。游戏质量不过硬，打出来的牌只会透支情怀。吉泽秀雄先生一句话说得很好，“游戏开发是服务业”，而且是“先付款后享受的服务业”，只有让顾客（玩家）舒坦了，人家才会继续掏腰包。

我国游戏业发展路途曲折还有一个重要原因，那就是文化环境。曾有一段时间，“电子游戏”这个词被妖魔化，被污蔑成“电子海洛因”，玩游戏一度被许多家长视为十恶不赦的行为，游戏开发则被当成“伤天害理的勾当”。于是孩子不敢玩游戏，从业者不敢做游戏，导致我们错过了全球游戏业飞速发展的关键时期，实在可惜。

好在，随着“80后”长大成人担起社会重任，这个“伴随着游戏成长的一代”用自己的实力证明了“电子海洛因”一词之谬误。更可喜的是，近几年PS4和Xbox One都推出了国行版，让我国游戏开发者有机会参与次世代主机游戏的开发。

说到这里，我想聊聊次世代主机游戏。如今人们生活节奏越来越快，迫使游戏逐步“快餐化”。这其实是一件挺可惜的事情。之前一个朋友问我：“你上次玩游戏觉得快乐是什么时候？”我说：“前几天和家人一起玩《Wii运动会》的时候。”没错，我手边有PS4，有Wii U，有最新发售的Switch，3A大作款款不落，但让我感受到“快乐”的却是一款11年前发售的游戏。这个朋友的一句话很让我信服：“现在的游戏已经变味儿了，以前是给人以快乐，现在是给人以感官刺激。”估计现在肯以“快乐”为本开发游戏的团队已经很少了。毕竟相较之下，人们会觉得画面越炫酷的游戏制作越用心，也就更愿意掏腰包。

我国游戏开发者长期处于一个封闭的环境中，现在突然被扔到这个张口“3A”闭口“大作”的世界，很容易会被晃晕了头，其中最常见的表现就是“我们这次要做一款3A级大作”。要知道，在任督二脉尚未打通的情况下，短时间内是不可能挑战“3A大作”这等上乘武功的，硬着头皮上的结果就是“只得其形而不得其意”，产出一个“四不像的丑八怪”。（推荐想要挑战3A大作的朋友看《游戏设计的236个技巧》一书，里面对这类游戏分析得很透彻。）个人认为，现阶段我们应该先找一个能达成的小目标，牢记“给人带来快乐”的初心，钻研细节，做出一款确实好玩的游戏。

言归正传，咱们来谈谈你拿在手里的这本书。作者吉泽秀雄是何许人物？前面说了，我国游戏业发展走了十几年的弯路，所以吉泽秀雄最具代表性的作品《风之克罗诺亚》系列在我国并不是很有名。不过，摆出《忍者龙剑传》的名号，想必大多数FC时代过来的人不会陌生，而吉泽秀雄就是《忍者龙剑传》系列的制作人。由于没有什么3A大作加持，吉泽秀雄的名声并不如小岛秀夫、青沼英二、神谷英树、宫本茂等人响亮，但他对于游戏的“好玩”有着非常精妙的把握。他参与创作的游戏虽然都不“大”，但是百分之百“好玩”，其原因就在于他对游戏“创意”和“节奏”的追求。“大”游戏可以用画面和音效掩盖游戏本身的瑕疵，但“小”游戏不能，所以游戏制作人的水平从“小”游戏上更见真知。

很多人喜欢把是否有创意归结为个人天赋，把“没创意”归罪于应试教育。不可否认，这些看法确实有一定的道理，但不能就此盖棺定论。吉泽秀雄先生就在书中为我们展示了寻找创意的窍门。创意人人都能有，就看你会不会找。当今市面上讲游戏创意的书凤毛麟角，而我国游戏业最缺乏的恰恰又是创意，所以我认为这本书不容错过。至于“节奏”，这需要一个摸索的过程。作者在书中清楚地记录了自己寻找节奏、改良节奏的过程，非常值得参考借鉴。

还是那句话，我认为我国的游戏应该先从“小”和“好玩”两个方面入手。好玩的游戏应该追求什么？追求“创意”和“节奏”。这正是本书所要讲的。具体应该怎么做呢？且看正文分解。

文鹏浩<br>2017年3月于北京

# 前　言

容我先把结论摆在这里。

**游戏成败在于节奏。**

1984 年，我在机缘巧合之下进入游戏业界，又因某个机会成为了游戏开发者。此后三十几年，我的时间都奉献给了游戏开发。

其间，游戏先是从街机发展到了 FC，随后掌机问世，接着在 PS 上演变为 3D，在任天堂 DS 上有了 2 个画面。再往后，人们开始挥着 Wii 遥控器玩游戏，在功能手机上玩游戏，到了今天，已经能在智能机上玩各种免费游戏了。游戏的硬件、体验环境、玩法等都在不断变迁，而长期身处游戏开发第一线的我却发现，人们对“玩”这一概念的理解或者说归纳没有变。

当然，现今的手游讲究运营策略，要时常了解玩家的需求，改进自己的服务。但是，在“玩”的基本创意上，其理解和归纳与以往并无二致。

近几年，无论是参与公司内的游戏策划讨论，还是在大学、专科学校里做讲座，每次讲完话听后辈提问时，我都有一个共同的感受——从问题的字里行间能听出，有相当多人苦于不知道如何去找创意，又或者有了创意之后不知道如何归纳成型。

此外，团队开发游戏时无法把创意明确地传达给他人，导致团队拧不成一股绳，这也是我常听到的烦恼之一。后来去中国台湾演讲时也被问了类似的问题，可见这是全世界游戏业界共同面临的问题。

这些问题常常引导我回顾过去，回想自己当初是如何做的。后来我渐渐地发现，自己脑海中一直有一个不曾忽视的基准。

**那就是“节奏”。**

我觉得，不知道如何寻找、归纳或传达创意，其实是因为没有明确地把握住这个“节奏”。于是我决定写下本书，按部就班地讲一讲我是如何在游戏创作的过程中掌控“节奏”的。顺着游戏创作的整个流程，谈一谈“节奏”发挥的作用。

不过话说回来，我在一开头虽然说了“游戏成败在于节奏”，但顺应当今出版界惯用的标题句式，副标题最终改成了“游戏创作九成看节奏”[①]。那么最后的一成是什么呢？这个问题不能急着回答，各位容我边写这本书边慢慢考虑吧。

① 这里是指日文原版图书的书名。——编者注

# 目　录

# 总结创意中的节奏

# 核心创意的三要素

游戏成败在于节奏。

究其本质，节奏就是“间隔”，它可以来自受控角色的动作速度，来自角色动作的动画演出，来自按键时的反馈，来自反馈瞬间的视觉或听觉效果，还可以来自上述所有元素组合切换的时间点。当然，并不是说只要节奏好，游戏就一定好玩。现实中不乏这类例子，虽有不错的节奏，却因欠缺耐玩性或趣味性等元素，结果沦为失败品。

最终左右游戏品质的，其实是创意。

无趣的创意只能诞生出无趣的游戏，这是个显而易见的道理。但可怕的是，无论一个创意多么乏善可陈，它都能诞生出一款姑且能称之为“游戏”的作品。就像学生做课题时，如果三思未毕而先行，那么往往进度难保，最后只得硬着头皮上交半篇论文。换到职场上则是低品质创意拖慢开发，到了发售日只能拿半成品出去讨骂。这种情况不但有，而且还不在少数。为避免这类情况发生，首先需要提高创意的品质。

所以在聊节奏之前，我们先来谈谈如何寻找创意。

## 什么是创意

创意是个很笼统的概念，游戏的规则、玩法、操作方法、世界观设计、剧情等，哪一个都缺不了它。不过在这里，我们只谈与“玩”直接相关的东西。

这类创意分三种。

- **核心创意**
- **支撑核心的创意**
- **扩充核心的创意**

首先是**核心创意**，它是“玩”的核心。然后是**支撑核心的创意**，为核心创意提供支撑。最后是**扩充核心的创意**，用来丰富核心创意的可玩内容。

核心创意是一切的基点，所以我们先从它讲起。

## 核心创意从“舒服”二字出发

核心创意应该从何找起呢？其实任何事物都可以成为找寻创意的出发点，比如从主题下手，以“飞行”“驾驶”为出发点，又或者先琢磨操作，以“按键射击”为出发点，等等。不过，任何出发点都要向一个基准看齐，那就是下面这两个字：

**“舒服”**

做什么事会让人觉得“舒服”？

何种情况能让人觉得“舒服”？

你的创意能给你带来哪种“舒服”的体验？

这种“舒服”是前所未有的吗？

还是和其他某种“舒服”类似？

游戏不是生活的必需品，因此一旦觉得游戏无聊，人们便能毫无顾忌地将它抛弃。单机游戏或许还好，毕竟是花钱买回来的，没多少人舍得只玩一两次就扔到墙角落灰，手游之类的免费游戏则不然，只要玩家觉着没意思，下一秒就会将其删除。

要知道，人是一种喜欢舒服的动物。舒服的事让人欲罢不能，舒服再久也不觉得累。在享受舒服的过程中，人们还会去追求更高层次的舒服。所以我认为，以“舒服”作为创意的基准是个非常不错的点子。

当我们灵光一闪找到创意时，别忘了自问一句“它具体能带来怎样的舒服体验”。摸清了这一点，游戏所追求的本质便会自然而然地浮出水面。

世上有无数“舒服”的事物，只等着我们去发现。这个过程中要特别注意下面三点。

**1. 玩家能通过参与游戏获得“舒服”的体验**

**2. 每次“舒服”的体验都使得玩家更接近游戏目标**

**3. 完成游戏目标时获得更高层次的“舒服”体验**

因为在这种结构下，人们能产生源源不断的动力去克服眼前的困难。

## 核心创意的三要素

作为游戏设计者，发现了“舒服”的事物，就该想想能否将其转变为游戏创意。一个游戏的核心创意由以下三个要素构成。

- **主题**
- **概念**
- **系统**

一个是“主题”，一个是“概念”，还有一个是“系统”。它们三个互相结合形成了游戏的核心创意。下面是它们的关系图。

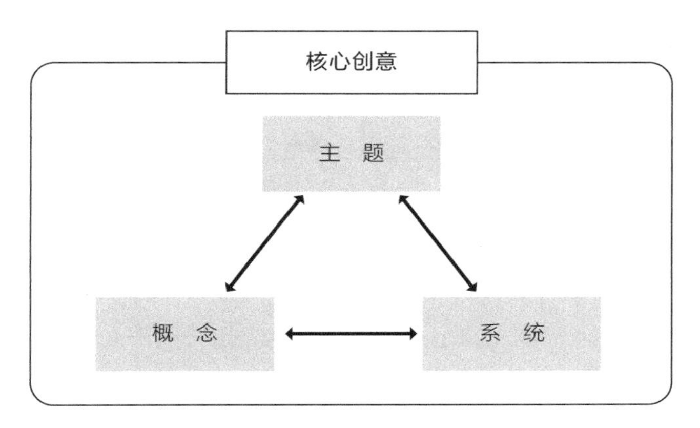


图1-1　核心创意

## 主题

首先我们讲讲**主题**，或者叫题材，说白了就是以什么题材来做游戏。

比方说“在天上飞让人觉得舒服”，这里“飞行”就是主题。以此为例，请各位通过“飞行”二字进行联想，把联想到的事物尽可能多地罗列出来。喷气机、鸟、热气球、气球、跳伞、魔女的扫帚、直升机、魔毯、天使、苍蝇、飘落的花瓣、蝴蝶……相信各位和我一样，能联想到很多东西，而且不同人想到的东西也不一样。也就是说，对于“飞行”，人们很难有一个统一的印象，这表明“飞行”一词用作主题太过宽泛，需要进一步缩小范围。缩小范围的方法有很多，可以是“喷气机”“鸟”等具体事物，可以是“滑翔伞”“跳台滑雪”等竞技项目，可以是“连续按键”“触摸手机屏幕”等操作，甚至可以是“拍打翅膀”“飘浮”等动词。总之，一切事物皆可成为游戏的主题。不过，单有主题并不能构成创意，它还需要另一个要素——**概念**。

## 概念

“概念”就是指“让玩家玩什么”。以喷气机为主题时，它可以是超音速飞行、捕捉并击落敌机，或者是与同伴合作进行精彩的编队飞行。以鸟为主题时，它可以是在天空优雅地飞翔并俯瞰街景，或者是享受俯冲捕食和急速爬升的快感。以热气球为主题时，它可以是缓缓飞过大城小镇、山河湖海，悠闲地欣赏美景。以跳伞为主题时，它可以是下落过程中耳边呼啸的风声，或者是与同伴手拉手缓缓完成编队图案的过程。

概念明确了主题中(或是与主题相关联的元素中)哪一部分是“拿来给玩家玩的”，简而言之就是对“这是一款玩什么的游戏”的一个定义。比如要为玩家提供什么样的体验，带来怎样的游戏感受，产生何种情感共鸣等。

现在假设主题为“棒球”。选定概念，就是从棒球的大量趣味元素中选出一部分进行重点渲染。它可以是击球，可以是投球，可以是防守，甚至可以淡化选手这一方面，让玩家当教练坐镇指挥。着眼点不同，概念也会有很大不同。

“挖掘”“吃”等动词类主题也是一样，我们要考虑将该动作的某一阶段拿出来着重刻画。以“挖掘”为例，刻画大刀阔斧穿山钻地的畅快感与刻画危矿中如履薄冰的紧张感就是两种完全不同的概念。

还要注意，单有抽象的语言并不能构成概念。就像单凭“飞行”和“让玩家享受在空中自由飞行的感觉”这一对主题与概念无法构成游戏一样。

空中飞行舒服在哪里?“悬空感”“俯瞰风景”“俯冲”“迎合气流而动”“巧妙运用翅膀”“超音速飞行”都是切入点。这些切入点用作创意时一定要足够新颖才行。

或许有人会问:“时而享受悬空感，时而享受俯冲，时而享受迎气流而上，这不能称为概念吗?”不可否认，这可以是游戏的最终效果，但在设计之初，我们先要搞清楚最最基本的创意。“大杂烩型创意”给大众的印象是因人而异且存在偏差的，所以不可取。

“这些东西里只能选一个的话，你会选哪个？”

如果能毫不犹豫地答出这一问题，那么你的答案就是基本创意。要是对这个问题举棋不定，那么你需要将所有切入点重新审视一遍，仔细想想其中“哪个才是最舒服的”。

## 系统

主题和概念加在一起仍不算是一个完整的创意，最后我们还需要**系统**。它的职责是实现概念。

我们前面说过，一个好的创意，应该让玩家随着一次次“舒服”的体验不断接近游戏目标，所以我们需要在游戏中不断触发这种体验。

于是，如何让玩家在游戏中频繁遇到“好玩的内容”便成了接下来要思考的课题。

什么样的机制或规则能实现这一目的？

什么样的操作方式能实现这一目的？

什么样的表现手法能实现这一目的？

只有能稳定带来概念中所述的体验，且能频繁触发该体验以达到概念所追求之效果的实现手段（机制、操作方式、表现手法等），才称得上合格的系统。

最后，就像本节一开始所说的，将主题、概念、系统三个要素融合到一起，我们就得到了核心创意。

## 游戏中的“舒服”

接下来我们分析几款新近大热的手机游戏，看看它们“舒服”在哪里，其核心创意由哪些元素组成。

### 实例 1 《智龙迷城》

首先是《智龙迷城》(P&D)。

**《智龙迷城》(P&D)**

**2012年，GungHo Online Entertainment，iOS·Android·Kindle Fire**

**▶ App Store、Google Play在售**

画面下部由 6×5 的方格阵列组成，每格中放有 1 颗珠子，称为转珠。转珠共分 6 种，当 3 颗或更多同种类转珠连成横 / 竖一直线时即被消除，我方将通过消除转珠对敌方怪物发动攻击。

游戏从第 1 次移动转珠开始计时（移动前思考时间不限），在限制时间内，玩家每回合能够将 1 颗转珠连续移动至其相邻的格子，从而将大量的同种类转珠连成一线，体验到连锁效应带来的畅快感。

图1-2 《智龙迷城》

21世纪初，随着智能手机的问世，智能手机上的社交游戏很快取代了功能手机游戏，占据了主导地位，与此同时，家用机游戏的开发也陷入了停滞状态。当时的主流手游都建立在扭蛋系统之上。扭蛋从本质上说等同于抽奖，所以这类游戏不需要技巧，一切全看运气。玩家的操作也十分单一，只需要连续触摸屏幕就可以不断探索游戏副本，在此过程中获得经验值和道具。不可否认，这种简单暴力的推进形式能带来舒服的体验，但就我而言，这根本不能称为"玩游戏"，反倒更像是一种"劳作"。

在这种大背景下，GungHo Online Entertainment发布了《智龙迷城》。这款游戏给我的第一印象是"单纯将消消乐和当下流行的龙主题强行拼凑在了一起"，但实际上手之后，它给消消乐赋予的全新趣味着实让我吃了一惊。首先是转珠的移动，当玩家用手指拖动转珠时，转珠之间动感且有节奏的连续换位就是一次舒服的体验。等到玩家放开手，阵列中所有满足要求（3颗或更多同色转珠排成横/竖一直线）的转珠将被依次消除，这个连锁消除的过程又是一次舒服的体验。转珠按照预想的那样消除，这自然会让玩家感到舒服，而落下来的转珠还会带来更多意料之外的连锁效应，使方阵里的转珠大量消除，将舒服体验进一步升华。很明显，《智龙迷城》的设计师非常“会做游戏”。

那么，《智龙迷城》的核心创意三要素是什么呢？这款游戏虽然包含龙的收集、养成等元素，但这里只分析其“消消乐”的部分，因为它是整款游戏最基本的可玩内容，龙元素的作用只是锦上添花，属于“扩展核心的创意”。

消消乐部分的“主题”是什么？答案是“凑相同颜色”。

于是，在“凑相同颜色”之中，最舒服、最想让玩家享受到的是什么呢？是“在一次移动中尽量凑齐更多同色转珠，享受连锁消除的舒服体验”。这就是这款游戏的“概念”。

然后，游戏采用了“在限制时间内可以控制 1 颗转珠不断地与相邻转珠换位”以及“凑齐 3 颗或更多同色转珠即可消除”两项机制来实现概念，这便是“系统”。

**【《智龙迷城》的核心创意三要素】**

主题 ……….凑相同颜色

概念 ……….在一次移动中尽量凑齐更多同色转珠，享受连锁消除的舒服体验

系统 ……….在限制时间内可以控制 1 颗转珠不断地与相邻转珠换位的机制、凑齐 3 颗或更多同色转珠即可消除的机制

## 实例 2 《怪物弹珠》

接下来我们看看《怪物弹珠》。这也是一款深谙游戏之道的游戏。

**《怪物弹珠》(Monster Strike)**

2013年，Mixi，iOS · Android

▶ App Store、Google Play在售

这是一款动作 RPG，玩家在游戏中要挑选 4 只怪物组成小队，攻克一个个任务。

操作方面模仿了弹弓，玩家要用手指在屏幕上向任意方向滑动来为怪物弹珠蓄力，随后松开屏幕射出弹珠。弹珠撞到障碍物（敌人、画面边缘等）时会反弹，撞到敌人时还会对其造成伤害。另外，如果弹珠撞到了我方其他弹珠，则会触发友情技能，发动特殊攻击。

图 1-3 《怪物弹珠》

《怪物弹珠》在广告宣传中使用了“拉弓狩猎”四个字，这与游戏本身的感觉十分贴切。游戏中，我们拉开弹弓瞄准敌人，手指一松，怪物角色应声而出，在墙壁、同伴、敌人之间弹跳撞击，带来一份类似弹玻璃球或打台球的乐趣。再加上撞到同伴时触发特殊合体攻击的机制，玩家善加利用能对敌人造成巨大伤害，使得游戏又多了计算瞄准角度的思考元素。

“唰”地拉开弹弓，“嗖”地射出弹珠，“啪啪啪啪啪啪啪、啪…啪…啪…啪、啪……啪……啪、啪”弹珠慢慢减速，整个过程给人的感觉非常独特。此外，弹珠撞到我方角色时会有非常华丽的特效，为玩家进一步提供舒服的体验。

现在我们来分析这款游戏的核心创意三要素。

首先，“主题”是什么？是“拉弹弓”吗？不，拉弹弓只是操作的创意，并不算游戏的本质。游戏的本质是拉弹弓之后弹珠四处碰撞，说白了就是类似“台球”的东西。

再来看“概念”。这款游戏就是让玩家射弹珠打敌人，享受整个动作过程的乐趣，所以概念可以总结为“利用反弹与撞击配合队友消灭敌人，体验爽快感与战略性”。

为实现上述概念，游戏设计了通过手指滑动的角度和幅度来控制方向与力道的操作，同时为增强战略性，让弹珠撞到我方角色时能触发合体攻击。所以“系统”是“拉弹弓射弹珠的操作”和“合体攻击机制”。

另外，我认为这款游戏还有一个副概念，即“与身边的朋友合作”。朋友们聚在一起商讨战术协力闯关，一同享受动作游戏的乐趣。基于该出发点，游戏引入了“多人联机”机制，允许玩家召集附近的朋友或LINE上的人一同玩耍。在这里，“合体攻击”也起到了强化概念的作用。

**【《怪物弹珠》的核心创意三要素】**

主题 ……….台球
概念 ……….利用反弹与撞击配合队友消灭敌人，体验爽快感与战略性
系统 ……….拉弹弓射弹珠的操作、合体攻击
副概念 …….与身边的朋友合作
系统 ……….多人联机

## 实例3 《LINE：迪士尼消消看》

我们再来看一个例子——《LINE：迪士尼消消看》。

**《LINE：迪士尼消消看》**

2014年，LINE，iOS · Android

▶ App Store、Google Play在售

这是一款消除型游戏，画面中会有许多Q版迪士尼角色形象的积木堆积在一起，玩家只需滑动手指将3个或更多相同形象连在一起即可消除。设置“喜爱的角色”之后，只要消除掉一定量的该角色，就可以发动技能。

图 1-4 《LINE：迪士尼消消看》

游戏中的积木是一个个圆形 Q 版的迪士尼角色，它们从上方落下，依据圆形碰撞模型的物理演算堆积在屏幕中。玩家通过滑动手指的方式将相同角色连在一起进行消除。

连线式的操作本身就是一种舒服体验，圆滚滚的角色借助物理演算滚落时的样子又是那么惹人怜爱，再加上圆形可以从任意角度进行连线，玩家要迅速判断灵活多变的连线形式并划线消除，这个过程叫人很舒服。

此外，设置“喜爱的角色”之后，玩家只要消除一定量的该角色就可以使用技能，从而一次性消除大量的积木，获得进一步的舒服体验。

这款游戏的核心创意三要素又是什么呢？

首先分析“主题”。很显然，这款游戏在设计之初就已经确定了要使用迪士尼角色，随后才产生圆形角色的积木堆砌在一起的构想，最终发展成了消除型游戏。所以这款游戏的主题是“消除 Q 版迪士尼角色”。

那么“概念”是什么呢？游戏的紧张感源于速度感，速度感又源于限制时间内不断划线消除积木，所以概念应该是“迅速找出并消除相连的积木，从中享受舒服体验”。

至于实现概念的“系统”，“连线 3 个或更多积木进行消除”的机制显然是其中之一。此外，由于游戏采用了物理演算，使积木的堆砌方式出现了无数种变化，进而产生出无数种连线形式，所以“依据物理演算堆砌在一起的积木”功不可没。

**【《LINE：迪士尼消消看》的核心创意三要素】**

主题 ……….消除Q版迪士尼角色
概念 ……….迅速找出并消除相连的积木，从中享受舒服体验
系统 ……….连线3个或更多积木进行消除的机制、依据物理演算堆砌在一起的积木

无论是《智龙迷城》转珠换位的舒服体验，还是《怪物弹珠》碰撞弹跳的舒服体验，抑或是《迪士尼消消看》连线消除的舒服体验，它们全都来自“主题”“概念”“系统”的交融与互补。

## 实例4 《钻地小子》

不知各位有没有听说过《钻地小子》这款游戏。

**《钻地小子》**

**1999年，NAMCO（现BANDAI NAMCO Entertainment），PlayStation等**

**▶ PS游戏仓库在售**

这是一款惊险刺激的动作消除游戏。在四色方块构成的世界中，玩家要扮演主人公钻地小子，向着地底深处的终点奋力挖掘。

游戏中，各色方块会自动与相邻的同色方块粘结在一起，4个或更多同色方块相粘结时会被消除，同时上方的方块将如雪崩般塌落，玩家必须在掘进过程中躲避塌方，以免被压死。

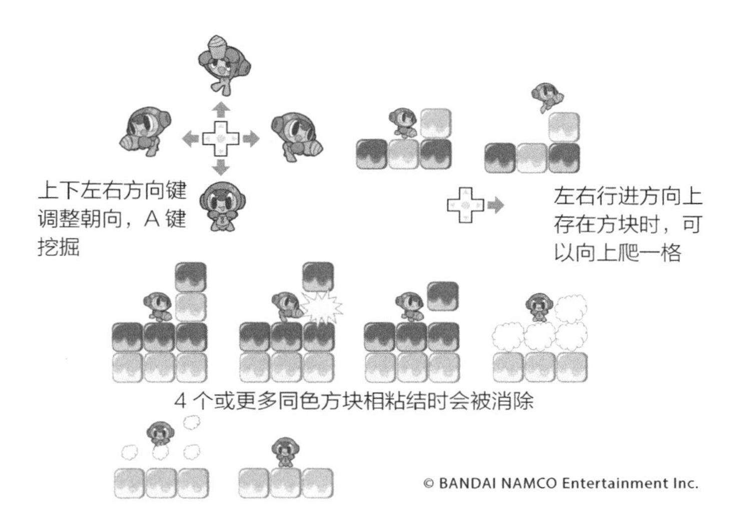


图1-5 《钻地小子》操作说明

这款游戏的主题是“挖掘”。在“挖掘”之中，主要拿来给玩家享受的是“边挖边躲的紧张感与快感”，所以这就是核心创意的概念部分。

实现概念的系统方面，首先是“方块的连锁效应”，它使得方块能够频繁地大规模崩落。

游戏在此之上加入了“玩家身处其中”的机制，让玩家随时可能被“压死”，从而产生“紧张感”，给游戏添加了刺激元素。玩家顺利避开重重危险之时，必然会产生舒服的体验。

**【《钻地小子》的核心创意三要素】**

主题 ··········挖掘

概念 ··········边挖边躲的紧张感与快感

系统 ··········方块的连锁效应、玩家身处其中

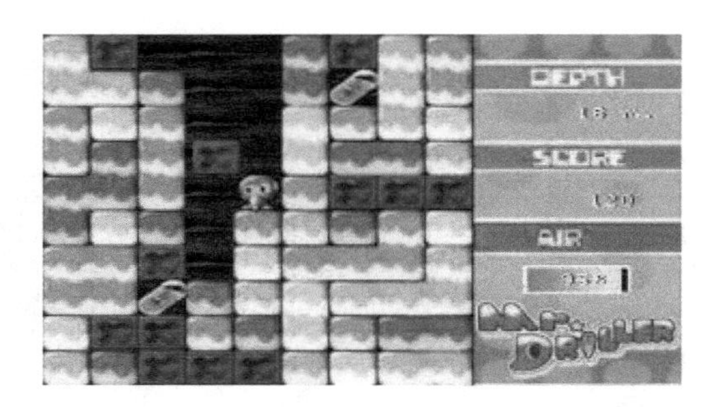


## 实例5 《风之克罗诺亚》

最后，不知各位有没有听过《风之克罗诺亚》这款游戏。

**《风之克罗诺亚：幻界之门》**

**1997年，NAMCO（现BANDAI NAMCO Entertainment），PlayStation**

**▶ PS游戏仓库在售**

这是一款动作游戏，整个场景虽然由3D建模构成，但镜头会沿着行动路线垂直移动，因此操作感与2D游戏无异。操作方面，十字键左右为移动，上下是让角色背对/面对屏幕，B键为跳跃，A键和Y键可以发射风弹将敌人吹成球以供抓取，抓住后再按A键则是投掷攻击。另外，抓着敌人的状态下可以在空中多按一次跳跃，此时角色会把敌人向下踢，借助反作用力形成二段跳跃。

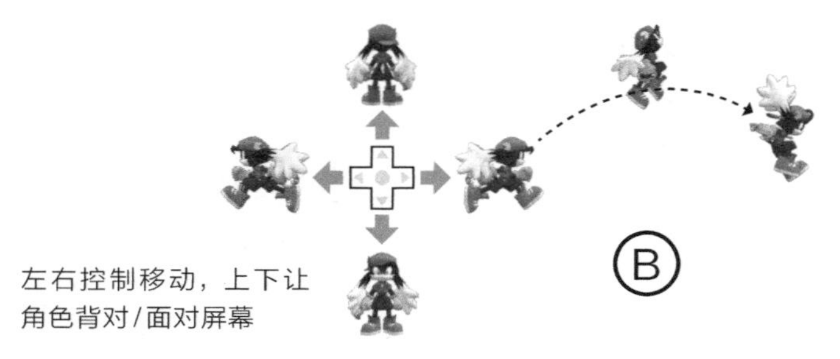


图1-6 《风之克罗诺亚》

图　1-7

图　1-8

图　1-9



图　1-10

《风之克罗诺亚》的主人公克罗诺亚能够发射“风弹”，这种子弹打中敌人后会把敌人吹成气球，供主人公抓取。被抓住的敌人可以用作投掷武器来攻击其他敌人，也可以当作空中的垫脚石（抓着敌人在空中按跳跃），让玩家借助向下踢敌人的反作用力进行二段跳跃，攻克地图中的种种障碍。

《风之克罗诺亚》的主题是“魔幻世界的冒险”。主人公驰骋在童话般的魔幻世界之中，解开谜题，击败坏人，尽情冒险。

游戏主要拿来给玩家玩的是“利用敌人来征服地图”。玩家在游戏中发挥聪明才智，思考如何巧妙地利用敌人，让自己抵达原本无法抵达的位置。这就是游戏的“概念”。

最后，实现概念的系统是“抓住并投掷敌人”和“利用敌人进行二段跳跃”。这两点让敌人在“攻击”和“移动”两方面都有了用处，为“利用敌人”这一概念创造了发散思维的余地，同时使闯关过程变得灵活多变。

另外，《风之克罗诺亚》还有一个值得重视的东西，那就是“以2D游戏的操作感享受3D空间的探险”。它虽然无关游戏本质，但其重要性不亚于概念。

随着PS游戏主机的问世，在游戏中运用3D建模成为可能，一批让玩家自由闯荡3D世界的动作游戏应运而生。然而我是个路痴，在这类游戏中总是会迷路，经常偏离主线，卡在莫名其妙的地方。后来上司说要在PS上搞一个动作游戏，我突然灵光一闪，想到“在3D地图上固定角色的移动路线，而且不管路如何蜿蜒曲折，都让镜头与路线保持垂直，使得画面与2D游戏有相同效果”这样一个系统。

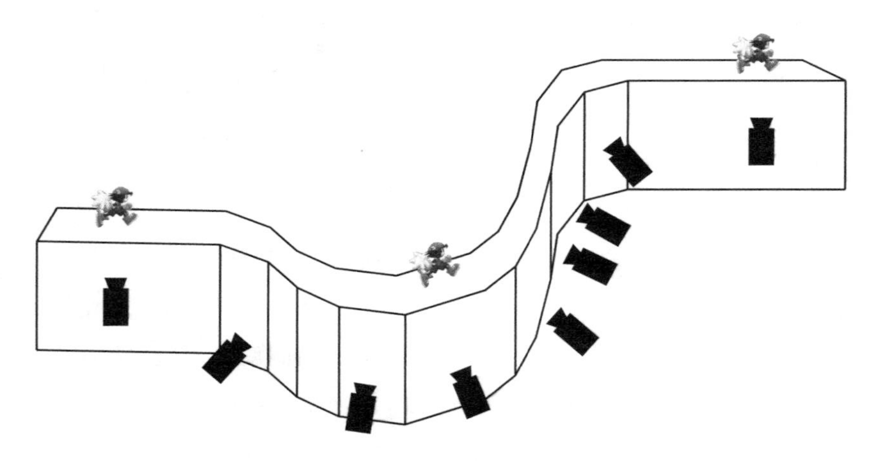

图1-11 《风之克罗诺亚》的镜头系统

《风之克罗诺亚》显然具备“以2D游戏的操作感享受3D空间的探险”这个副概念。实现它的系统则是“镜头与在固定路线上移动的玩家时刻保持垂直”。

**【《风之克罗诺亚》的核心创意三要素】**

主题 ··········魔幻世界的冒险
概念 ··········利用敌人来征服地图
系统 ··········抓住并投掷敌人、利用敌人进行二段跳跃
副概念 ·······以 2D 游戏的操作感享受 3D 空间的探险
系统 ··········镜头与在固定路线上移动的玩家时刻保持垂直

可见，只有“主题”“概念”“系统”三个要素相互融合、相互补充，才能形成一个完整的创意。这就是整个游戏的核心创意。

## 小结

在第 1 章中，我们分析了核心创意的三要素：主题、概念、系统。第 2 章我们将讨论核心创意的思路。

# 核心创意的思路

经过第 1 章的讲解，相信各位已经掌握了核心创意的三个要素。那么，应该如何寻找一个崭新的核心创意呢？其实，这件事情并没有什么捷径可循，不是说按照某个特定方法就能随随便便搞出创意来，唯一的路子就是思索思索再思索。不过，这里还是要讲一讲寻找核心创意的思路，为各位提供些启发。

## 不以现有游戏为原型

游戏开发公司在招聘策划的时候，绝大部分会要求应征者提交一份策划书。我本人审查过的策划书也有几百份，发现其中很大一部分会以现有游戏为原型来做创意。

这类人有个共同的特点，他们喜欢长篇大论地讲世界观，讲主人公的设定，讲剧情，等等。要知道，审查者每次都要看几十份策划书，所以这类内容我们都是一带而过，根本不会细看。策划书真正关键的部分，是对游戏内容的阐述。而现实往往是等我翻完厚厚一沓稿子，到最后才看见一句“游戏方式类似怪物猎人”之类。这种东西只能叫作“怪物猎人的修订案”。

可以见得，在寻找创意的时候，如果抛不开现有游戏，思维就会被这些游戏的机制所禁锢。所以，寻找创意时千万不要参考现有游戏。

举个例子，如果想着“现在《智龙迷城》这么火，我们也要弄个类似的游戏”，那你的思维一定离不开“移动各色珠子进行消除”的机制。

前面我们介绍了《钻地小子》，这款游戏的创作者是在看小孩子玩“扒沙堆”和“抽将棋”时获得的灵感。“扒沙堆”就是在沙堆上面插一根木棍，参与者轮流从底部扒走一部分沙子，最终弄倒木棍的人输。“抽将棋”则是把日本的将棋堆成山，参与者轮流从棋子堆里取一颗棋子，取棋子时如果棋堆倒塌或者弄出响声都算失败，直接换下一个人继续，最终取走棋子最多的人获胜。据说他当时在想，如果自己也在参与，那一定很紧张。

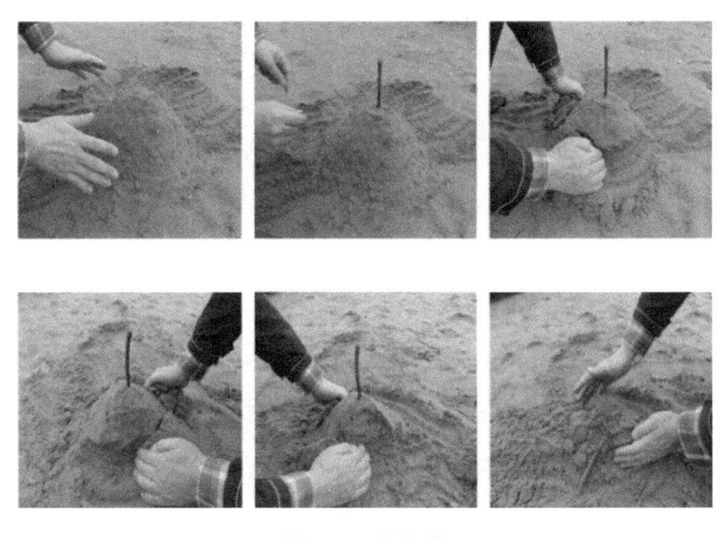

图2-1 扒沙堆

1. 将沙子堆成山形，在顶部插一根木棍
2. 参与者轮流扒走一部分沙子（扒走沙子量不限），让沙堆越来越小
3. 扒沙时弄倒木棍的人输

图2-2　抽将棋

1. **把将棋放入一个小盒子中，然后将盒子快速倒扣在棋盘上，拿走盒子，留下棋子堆成的“小山”**
2. **参与者轮流用一根手指移动棋子，过程中不能拿起棋子也不能弄出声响。如果将棋子顺利移出棋盘，则获得该棋子。如果棋堆倒塌弄出声响，则算失败，换下一名参与者进行**
3. **待所有棋子全部移出棋盘，游戏结束，获得棋子最多者胜**

而《钻地小子》的创作者的高明之处在于，他没有直接用程序去还原扒沙堆或抽将棋，而是尝试在游戏规则中创造上述情境。随后他才去参考了一些现有游戏，发现《宝石方块》和《噗哟噗哟》这类下落消除型游戏的连锁机制可以拿来使用。

### 《宝石方块》

1990年，SEGA Enterprises（现SEGA Interactive），街机、MEGA DRIVE、GBA等

▶ App Store、Google Play在售

游戏区域中会有3个1组的四边形宝石落下，玩家需要将其左右移动以堆砌到合适位置。3个或更多同色宝石排成横/竖/斜一直线时即被消除，随后堆砌在上方的宝石会下落，如果再凑齐3个或更多宝石排成横/竖/斜一直线，则继续消除，造成"连锁效应"。本作品的"连锁效应"非常容易触发，具有独特的快感，对此后的下落消除型游戏有着深远影响。

连锁效应

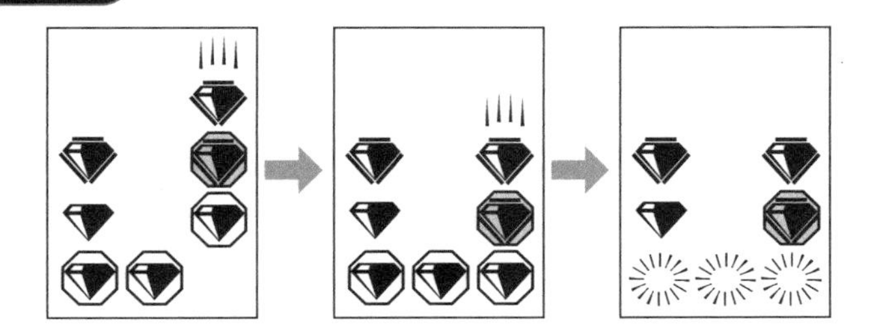

图2-3　3个或更多同色宝石连成直线即被消除

### 《噗哟噗哟》

1991年~2014年，SEGA Enterprises（现SEGA Corporation），FC、PC等

▶ Wii虚拟游戏平台、3DS虚拟游戏平台在售

游戏区域为12×6的方阵，其中会有3~5种颜色的"噗哟"以2个为1组落下，玩家需要通过旋转和左右移动"噗哟"将其堆砌到适当位置。4个或更多同色"噗哟"相连即被消除，随后上方堆砌的"噗哟"落下，如果再满足4个或更多同色"噗哟"相连，则继续消除，构成"连锁效应"。对战模式下，我方消除"噗哟"所获得的分数将按比例换算成"障碍噗哟"送到对方场上。这种透明的"噗哟"即使超过4个相连也不会消失，清除它的唯一方法是消除与其相邻的"噗哟"。

旋转

4个或更多相连即被消除

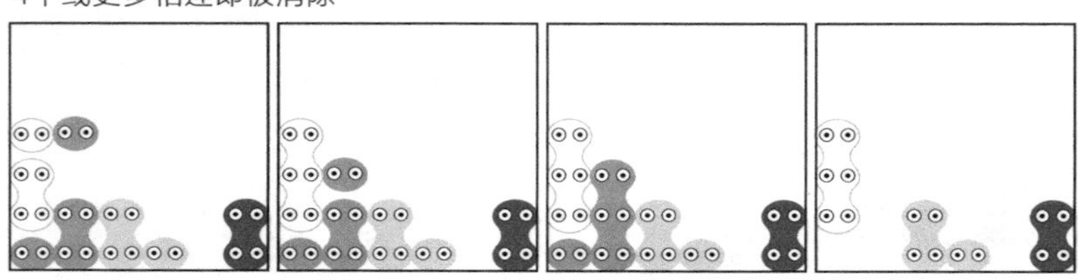

连锁效应

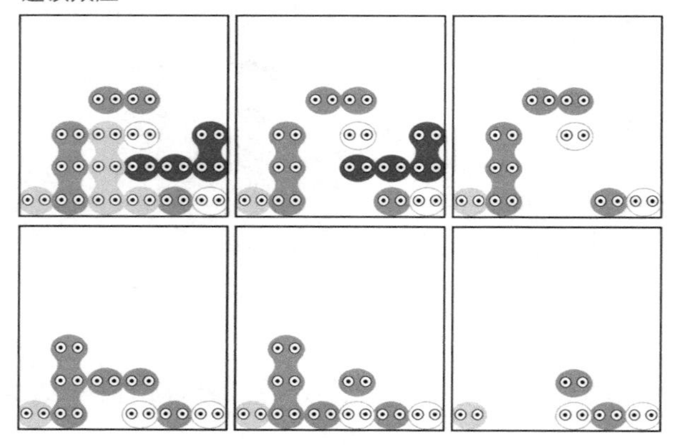

图2-4 《噗哟噗哟》

所以说，如果想拿现有的游戏做参考，自己必须先找到核心创意，然后再从现有游戏中寻找创意为其服务。当年《钻地小子》的创作者要是想着做一款类似《宝石方块》或《噗哟噗哟》的游戏，肯定不会有**玩家操作角色穿行在方块的连锁效应之中**的创意。总而言之，以现有游戏为原型来寻找创意时，思路会受到限制。

## 不以类型为出发点

提起游戏的类型，各位能想到哪些呢？

动作、消除、节奏、RPG、射击、格斗、飞行射击、运动、冒险等，一想就是一大堆。那么接下来，请在我提到某个类型时立刻答出一个该类型的游戏。

**动作游戏有哪些？**

**消除游戏呢？**

**角色扮演游戏呢？**

**格斗游戏呢？**

**运动游戏呢？**

听到自己喜欢的类型时，一般人都能立刻想到对应的游戏。

现在请各位回忆一下，自己在寻找游戏创意时，是不是曾将类型作为了出发点呢？也就是说，有没有过类似“做一个有趣的动作游戏”“设计一个不输欧美大片的酷帅枪手”“《智龙迷城》这么火，咱们也做个消除游戏”的想法呢？要承认的是，这样做有时候能找到些不错的创意，但我个人并不推崇。

就像前面说的，我们一听到某种类型，往往会想到一些该类型的代表作。这些作品的机制会在我们寻找创意时出来捣乱，让创意的原点回到现有游戏，结果就是思路受到限制。

我们在前面介绍了《风之克罗诺亚》，这款游戏的主要内容是“射击敌人，把敌人吹成气球”“抓着敌人移动”“向下踢敌人形成二段跳跃”。然而在设计之初，策划团队给自己定了一条铁则，那就是“敌人绝对不能被踩死”。因为自任天堂的《超级马里奥兄弟》大热之后，引得同类动作游戏都争相效仿，踩死敌人成了当时游戏的主流。如何克敌制胜是一款游戏的脊梁，一旦加入“踩死敌人”的元素，这款游戏就失去新意了。

可见，以类型为出发点寻找创意时，同样存在限制思路的风险。所以最好在有了创意之后再考虑类型的问题。

## 先在脑子里跑跑看

想知道一个游戏创意是否合格，我们先要在脑中勾勒出玩游戏时的情景，此时最重要的就是业内人士常说的“先在脑子里跑跑看”。

游戏的实际画面应该是什么样？

操作起来是什么感觉？

一定要让这些东西在脑子里动起来，再通过它来想象自己玩游戏时会是怎样一种体验。随着脑内模拟的积累，“灵光一现”便会不期而至。

“灵光一现”之后记得把创意讲给周围的人听。此时要调动肢体语言、绘画、拟声等一切可以利用的手段，尽量把头脑里模拟的影像传达给对方，然后观察对方的反应。

如果对方也能“灵光一现”，表示他脑中也涌现了许多创意。

如果对方不住地问：“这个东西这样比较好吧？”表示他并没有理解你的意图。遇到这种情况，要么是创意表达得不够清楚，要么是创意本身存在不足。

接着，把获得良好反应的创意汇总起来集中考量，从而提高效率。要知道，100 个创意中有 1 个好创意都算是幸运的。总而言之，思考创意就是“想象、讲述、考量……”不断循环的过程，创意有多高的质量，完全取决于这个循环你能坚持多久。

## 一个创意不要思考太久

除了先在脑子里跑跑看之外，思考创意还要特别注意一件事，那就是在短时间内想出尽可能多的创意。

我们以“按键射击”这一操作为例。

光是按下键射出子弹就能让玩家舒服吗？按键之后射出什么样的子弹更让人舒服呢？“咻”一声高速飞出去的那种？连按是什么效果？玩家“咔咔咔咔”地连按按钮，子弹也该“咻咻咻咻咻”连续射出才比较舒服吧？

单有这些还是显得太普通，不如让子弹随着连续命中的次数逐渐增加威力。比如射击迎面飞来的岩石，从刚开始需要连射 5 发才能打烂，到后来 1 发子弹就能贯穿到粉碎，再到最后打中时直接爆炸，把目标和附近所有岩石全都炸飞，这样够爽快吧？

思考到这里，我们再回过头来捋一遍。此时会发现创意已经从“射击让人舒服”变成了“威力不断增强的子弹让人舒服”。那么，我们不妨以它为核心继续思考。子弹通过什么方式增强威力比较有趣呢？升级道具？这样是不是太普通了？普通不就代表了无聊吗？干脆搞点新花样吧。

**1.“根据击碎岩石的方式改变威力？”**

**2.“消灭敌人后获取其武器？”**

**3.“按住 3 秒再放开能射出捕捉光线，将敌人变成友军？”**

要做的就是在短时间内不断发散思维。我们脑中最初会浮现场景①：战机在横版卷轴场景中向右飞行，陨石群从右侧袭来，玩家连按射击键打碎陨石。子弹穿入陨石时造成的振动让人舒服。可是威力怎么变呢？按照打碎陨石的顺序？这个实在太晦涩了。

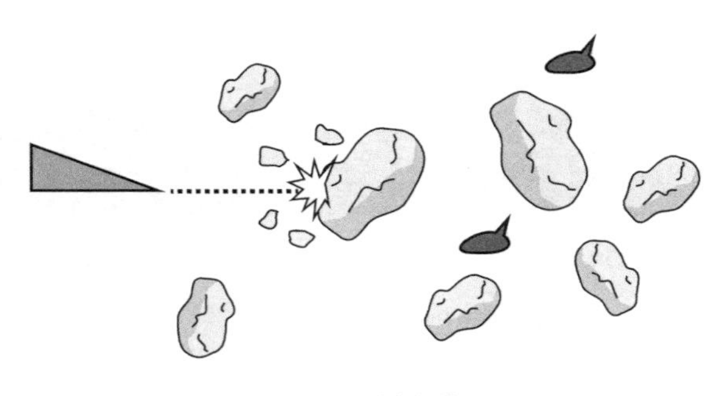

图2-5 创意①

然后转为场景②：敌人是会发射激光和火球的机器人，被消灭后变成能量块，玩家角色吸收能量块学会发射激光和火球。吸收时让能量块“咻”地一声飞到玩家机体上，这效果看起来肯定很舒服。

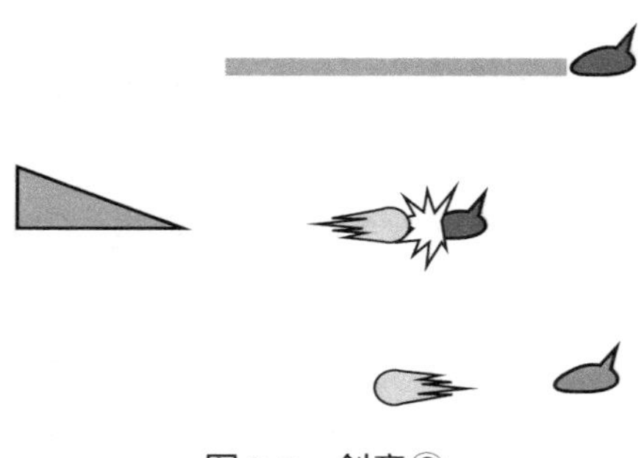

图2-6 创意②

接着又转为场景③：按住射击键 3 秒再放开，机体积蓄能量放出一个网状武器捕捉敌人。然而这种操作欠缺舒服体验，或许单独设置一个键比较好，可是又不希望按键过多。

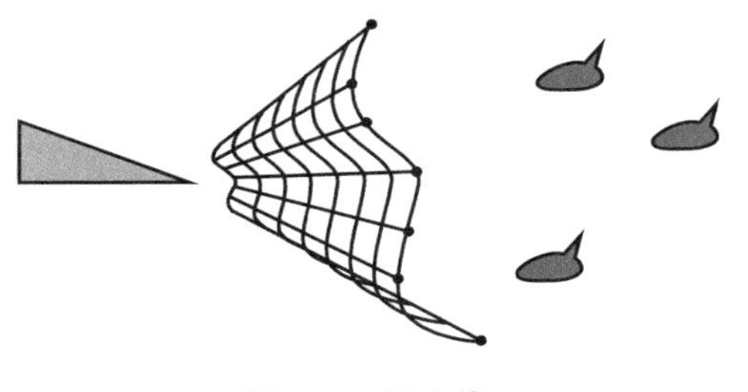

图2-7　创意③

思考至此大概用掉10秒。总而言之，我希望各位能如例子中一样，在短时间内发散思维多想象几种情况，并且让每种情况都在脑中跑起来。想象的内容不能只有游戏画面，还要有操作者的身影以及操作手感。

另外，别忘了想象玩家当时的表情和心情，它可以帮助我们判断各段内容是否让人舒服，有多舒服。在给各段内容添加“好”“不好”“差强人意”等评价的过程中，一些好的创意会自动浮现出来。“在短时间内想象多种不同的情况”这一点非常关键，千万不要摁着一个情景琢磨。因为人脑能对每一次思考留下印象，然后下意识地将各个印象结合在一起。

常言道**创意就是将现有元素以新的方式组合**。也就是说，即便我们手中只有现成的老元素，只要挑出其中两三个从未被组合的加以组合，就能创造出前所未有的意义。寻找新创意不必强求每个元素都是新的。所以我们要尽可能多地将元素记入脑中，以求获得新的组合。

##  创意是否能带来全新体验 

衡量一个创意是否会有趣，还要看它能不能带来全新的体验。

人类会对初次接触到的体验抱有新鲜感。然而，随着长时间重复相同的游戏内容，新鲜感将慢慢消失，这就又促使人们去追求新的刺激。所以说，如果一个创意只能带来旧的体验，那么它的新鲜感会被旧的体验冲淡，使得人们无法从中获得多少震撼，而且很容易玩腻。因此，一款新的游戏必须能带来新的体验才行。

“能否带来前所未有的体验”向来是我鉴定创意好坏的标准之一。话说到这里可能有人会问：如今市面上的游戏多如牛毛，创意早就被用得差不多了，现在再想搞全新的创意岂不难如登天？

请注意，我从没说过要寻找“全新的创意”。因为全新的创意更近乎于一种“发明”，而发明确实不比登天简单。

请各位再回味一遍“创意就是将现有元素以新的方式组合”这句话。没错，我们应该用现有元素进行崭新的组合，而不是去创造全新的元素。我们需要关注的，应该是新组合能否提供前所未有的体验、操作感、游戏内容、乐趣、惊喜等。这是一种“发现”，不是“发明”。

即便是旧的游戏内容，换个操作方式就能带来完全不同的体验，对吧？

比如一度大热的《Wii 运动会》，其题材都是我们司空见惯的网球、高尔夫、保龄球等传统体育项目，是个人都玩过那么一两回。然而，以往绝没有谁试着用遥控器玩过这些东西，所以它给人的感觉非常新鲜。有了创意之后，为了让玩家能更好地通过遥控器体验游戏，创作者还需要不断地改进设计。在这一过程中，《Wii 运动会》逐渐成了一款立意新颖的游戏。

### 《Wii运动会》

**2006年，任天堂，Wii**

**▶ Wii U上的续作《Wii运动俱乐部》在售**

这是一款发售在 Wii 上的运动体感游戏，玩家可以挥动 Wii 遥控器来体验“网球”“高尔夫”“垒球”“保龄球”“拳击”五个项目。挥动遥控器型手柄是 Wii 特有的操作方式，通过游戏中设计的特殊挥动方式，玩家会觉得自己真的在赛场上体验比赛。

《风之克罗诺亚》允许玩家抓住敌人，这里“抓敌人”的创意也是在以往游戏中出现过的。但是踩着敌人做二段跳跃，即“把敌人运用到移动之中”是从未有过的创意。

《智龙迷城》也是，让相邻珠子换位的消除型游戏很早以前就出现过了，但从没有哪款游戏可以“拉着一颗珠子满场随便跑随便换”。就是它让《智龙迷城》有了崭新的手感。《怪物弹珠》在操作上与台球很相似，但把球作为战士，让“同伴相撞时触发合体攻击”是前所未有的设计。

这样一想，我们会发现新的组合方式其实遍地都是。新的组合不但有机会创造新的体验，其在开发过程中带来的一些问题还会引导我们去思考与解决，在此过程中很可能有新的创意冒出来。所以各位请坚持探索，不要轻言放弃。

## 逆向思维

当我们发现创意有缺陷时，先别急着放弃，不妨试试逆向思维。所谓逆向思维就是想办法变废为宝，看能不能让原本的缺陷转变为有利条件。这个过程中，我们会发现一些原本想都没想过的东西。

举个任天堂 DS 刚发售时的例子。这款硬件的特点是有两个屏幕，如何完美运用这两个屏幕成了游戏创作者的一大挑战。于是各公司的开发团队大开脑洞，想出了许多不错的创意，比如让动画特效纵跨两屏来提升震撼力等。但是从硬件方面看，这两个屏幕之间有着不小的距离，所以两个画面看起来并不连续。

有一次我听团队里有人说了句“这两屏幕要是再近些就好了”，于是我就想，有没有哪个创意能让人觉得“两屏幕离得远反而更好”呢？这问题让我琢磨了好久。后来有一天，家里订的报纸从《朝日新闻》换成了《读卖新闻》，《读卖》这边没有益智版，害得我每周最喜欢的“找不同”玩不成了。玩不成怎么办呢？干脆在DS上做一款找不同的游戏得了。这时我突然灵光一闪，想到“上下屏分别显示两幅画，让玩家用触摸笔圈出不同的地方”这个点子。

图2-8 圈出上下屏不同的地方

然后我又想到了当时每天都在玩的《瓦里奥制造》，它那每隔5秒跳出一个迷你游戏的节奏非常带感。把这种节奏和刚才的点子一结合，“机器有节奏地快速出题，玩家忙不迭地画圈”的动态景象便出现在我脑中。我的第一反应就是：“是它没错！”找不同就是要两幅画有一定距离才合适，所以两屏幕离得远反而更好！

《爽解！找茬博物馆》就是这样诞生的。而且随着创作过程中的种种经历，最终游戏抛开了《瓦里奥制造》，找到了自己独特的节奏。

**《右脑达人：爽解！找茬博物馆》**

2006年，NAMCO（现BANDAI NAMCO Entertainment），任天堂DS

▶ 在售

玩家要迅速在DS上下屏显示的两幅图中找出不同，并用触摸笔在下屏画圈标出。除了挑战接二连三的问题之外，玩家还要应付问题中掺杂的机关，比如刮开刮刮卡、吹走树叶等。

2007年还发售了《右脑达人：爽解！找茬博物馆2》，内容比上一作更加充实。

### 《瓦里奥制造》

2003年，任天堂，GBA

Wii U虚拟游戏平台在售

玩家在游戏中要面对接连不断的迷你游戏，每个迷你游戏只有5秒钟，玩家需要瞬间掌握游戏方法，操作十字键和A、B键完成要求。完成一定量的小游戏即可通关，失败达到指定次数则游戏结束。

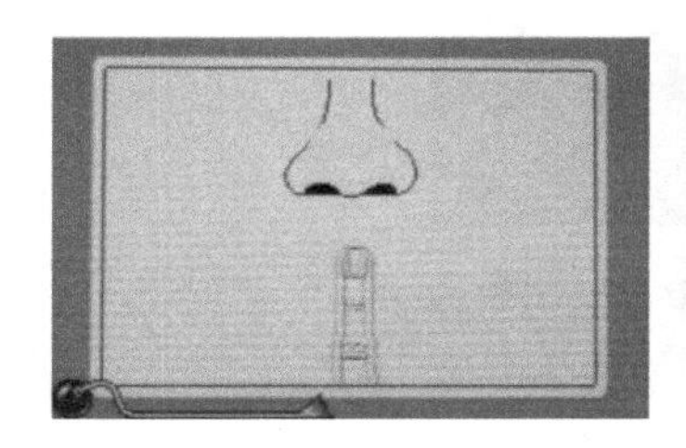

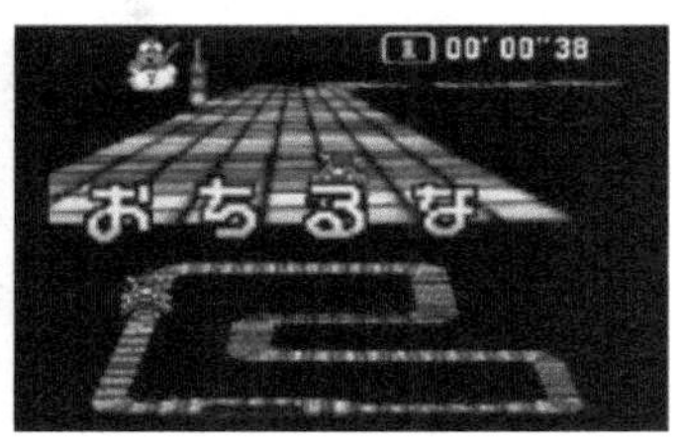




图2-9　快速解决5秒一个的迷你游戏，享受速度感带来的乐趣

## 某些创意必须要有视觉效果支持

在我还是新人的那阵子，曾有人告诉我“一个能抛开视觉效果，单有○△□来回动都很好玩的创意，才能叫作好的创意”，然而我不这么认为。某些创意必须要有视觉效果的支持才好玩。

这里最先想到的是CAPCOM的著名“生化”系列游戏中的第一部。

### “生化”系列的第一部

1996年，CAPCOM，PlayStation

在售

该游戏为背景添加了渲染，然后让3D建模的角色位于其中，再通过固定镜头的切换表现出了整个 3D 场景。游戏中极少使用 BGM，突出强调走廊的咯吱声、疯狗的吠声、乌鸦的拍打翅膀声等音效，借以烘托恐怖气氛。

此外，手柄会在玩家被丧尸袭击等情况下发出震动，与玩家内心的恐惧产生共鸣效果。

图2-10 疯狗出现的场景任谁都会毛骨悚然

游戏中有段走廊，玩家从这里经过时，会有一只疯狗突然撞破窗户冲进来咬人。这个场景冲击力十足，我玩了好几遍仍然会在这里吓得一哆嗦。如果冲进来的是个○或者□，恐怖感想必会大打折扣，其中的乐趣也就荡然无存了。

近年来的《神秘海域》也非常棒。

### 《神秘海域》

2007年，Sony Computer Entertainment，PlayStation 3

▶ PlayStation 4上收录了前三作的《神秘海域合集》在售

这是一款动作冒险游戏，描写了宝藏猎人内森·德雷克的冒险故事。游戏采用了无缝衔接的地图，玩家要操作内森做出跳跃、游泳、抓取、攀登等动作进行探索，跑遍世界追寻传说中的古代都市与财宝之谜，同时还要对抗邪恶组织。剧情部分的动画为即时演算，使得过场动画与游戏场景完美结合，让玩家产生自己身处电影之中的错觉。

这种体验让人觉得自己就是电影中的一个角色，置身于壮丽华美的场景之中。在○△□的世界中绝对体会不到这个创意的优秀之处。

于是这更加说明了“让印象在头脑中动起来”是多么重要。从这种意义上讲，美工团队或许也很适合搞创意。

不过还有一点需要注意，作为一款游戏，视觉效果和创意必须能做到互补。单纯视觉效果强大的游戏根本不能拿来“玩”。

随着硬件的更新换代，我们能利用的视觉表现手法也越来越多，所以追求一些前所未见的视觉效果或许也是条正道。

因此可以先有视觉效果后有创意。

但在这种情况下，希望各位一定要找到“唯有这种视觉效果才能体现的游戏性”。这样一来，视觉效果与创意就成为了一对充要条件，从中诞生出新游戏的时刻指日可待。

这种凝练创意的思路强烈建议各位尝试一下。

## 研究“玩”

各位在玩游戏时，想必是纯粹地在享受游戏。当然，我认为多玩一些游戏是好事。

不过，如果想把玩游戏的经验活用到开发游戏当中，就不能纯粹地去享受了。

当遇到一款有趣的游戏时，最好分析一下“它为什么有趣”，然后带着问题再玩一遍。每一个能触动你内心的瞬间都藏着它有趣的秘密。

你觉得舒服的时候是做什么操作的时候呢？当时是怎样的节奏，发生了什么事情呢？

在感到惊险的时候、获得成就感的时候、一不小心着迷的时候、不禁惋惜的时候、高兴的时候等，都要问问自己“为什么会有这种感觉”，然后把引起这种感觉的要素整理出来。这些信息在将来扩展创意的时候会对我们大有助益。

所谓研究“玩”，其实就是在研究“什么样的情况会触动人的内心”。

## 目标用户

前面我们一直在讲创意的思路。为了让各位能充分理解游戏最根本的乐趣，我们特意对目标用户的概念避而不提。所谓目标用户，就是我们要服务的对象，说白了就是“我们想哄谁开心”。

早先，在那个只能去游戏厅打街机的年代，玩游戏的人群基本固定在中学到大学的男性。当时的游戏创作者也尽是高中和大学刚毕业的青年男子，由于二者年龄相仿，所以不必关心目标用户的问题，只要做出的游戏自己觉着好玩，就肯定能满足目标用户的需求。

但是时代在变，FC 的流行将小学生纳入了目标用户，PlayStation 的登场又把目标用户群扩展至年轻家庭以及青年女性，任天堂 DS 和 Wii 的问世更是让男女老幼都能享受游戏的乐趣，再加上如今的智能手机，使得所有人都有了接触游戏的机会，目标用户越来越多样化。

当然，任何一个世代都不乏男女皆宜的游戏。但是随着游戏用户的多样化，设计面向所有年龄段用户的游戏变得十分困难。不得不承认，有些创意虽然从全体用户角度来看并不吃香，但对于特定年龄段有着难以比拟的魅力。

这里我们既可以从目标用户出发寻找创意，也可以先想出创意再向目标用户群靠拢。总之在寻找创意时一定要搞明白“这个创意是为谁服务的”。教各位一个窍门，目标用户不妨以身边的人为原型。

比如想象下面这些情景：“我朋友会喜欢玩这个游戏吗？”“我的男 / 女朋友会觉得这个游戏好玩吗？”“外甥玩这个会不会着迷呢？”“这游戏

我老婆会喜欢吗？”，等等。

我曾在网上读过《智龙迷城》的开发花絮。据说《智龙迷城》最初的设计中并没有那个拉着转珠满屏幕跑的操作，是后来某个开发者拿测试版本给老婆玩，看到老婆总想拉着一颗珠子不放手，这才有了灵感。

很多创意就是这样，它只能源于目标用户本身，我们自己是绝对想不出来的。所以说，让目标用户体验测试版是个行之有效的手段。另外，在创意阶段不妨也多听听身边目标用户的意见。但要注意，向别人讲述创意是需要技巧的，这方面的具体内容我们将在第 5 章中详细说明。

## 小结

第 2 章我们讲解了核心游戏创意的思路。先是在脑海中形成玩游戏时的动态情景，然后不断思索，直到自己打心底里觉得它有趣，最后将“主题”“概念”和“系统”结合起来，形成一个“舒服”的创意。

然而，无论核心创意多么优秀，我们仍难以避免在开发过程中迷失方向。即便是在专业游戏开发领域，迷失方向舍近求远的事也时有发生。这种问题一旦处理不好，整个创意都有被封存的危险。封存听起来还有重启的希望，但实质上就是开发终止。

所以我希望各位在“节奏”上多用心。

在第 3 章中，我们将讨论核心创意的节奏。

专 栏

## “制作”与“创作”

不知各位注意到没有，本书中存在“制作游戏”和“创作游戏”两种说法。这并不是排版错误，而是我故意改变了说法。

“制作”只是通过劳动来生产产品，完成客户的需求即可。

而“创作”是指怀着一颗服务大众的心，全心全意地去创造产品，最终展现给全世界。

我之所以要区分这两个词，是希望各位身为创作者，能时常保持一颗“创作‘游戏’”的心。各位在阅读本书时不妨多加留意。

# 考虑节奏

每个核心创意都有一个**最合适的节奏**。

我们在第 1 章说过，节奏就是“间隔”，它可以来自受控角色的动作速度，来自角色动作的动画演出，来自按键时的反馈，来自反馈瞬间的视觉或听觉效果，还可以来自上述所有元素组合切换的时间点。正是节奏酿出了核心创意的“舒服”体验。

核心创意与节奏的关系如下图所示。

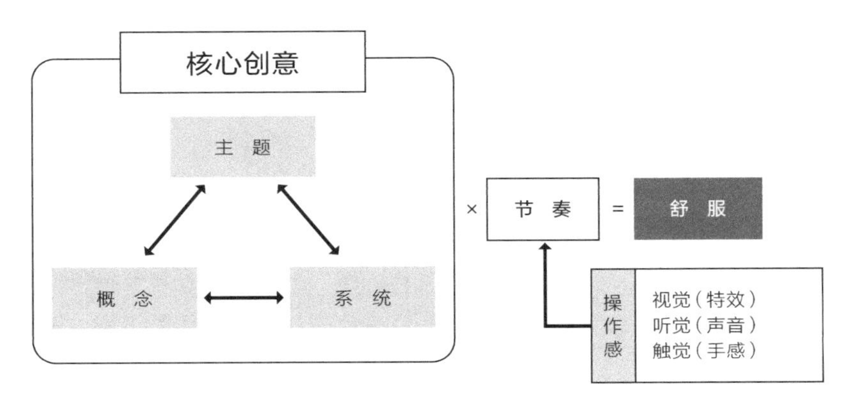


图 3-1　核心创意与节奏的关系

其实，一款游戏中会有多种节奏相互组合，但因为核心创意是其中出现频率最多的可玩内容，所以它的节奏就象征了整个游戏的节奏。

因此，在研究核心创意时，千万别忘了寻找最适合它的节奏。

## 最合适的节奏

我们继续以第 1 章讲解核心创意三要素时用的手游为例来说明。

先想象一下，如果给这些游戏换一个系统，它们的节奏会变成什么样子呢？比如《智龙迷城》，我们取消它连续换位的机制，要求每次只能与相邻的一个转珠换位，看看结果如何。因为每换一次位就要松开一次手指，再点击另一个转珠再换位，所以整个游戏的节奏变得很慢。而且每次移动之后就立刻消除，我们将再也看不到连续消除半个屏幕的壮观景象。如此一来，这款游戏还能像之前一样"舒服"吗？

再换一个角度看看。游戏中相连的同色转珠会被依次消除，留出的空位将由上方转珠落下来填补。我们将它改成一次性全部消除会怎样呢？游戏的节奏是快了不少，但让人很难看清到底消除了什么剩下了什么，结果还是没有以前"舒服"。

如果把《怪物弹珠》里的角色换成木偶，让它们"嘎啦嘎啦"地一步步移动会是什么效果呢？这么做显然要等好久才能看到战斗结果，严重拖慢游戏节奏，让舒服体验骤减。

如果把《迪士尼消消看》的角色换成四方形，让它们像《宝石方块》一样横平竖直地堆在一起，玩起来会是什么感觉呢？每次消除之后，上方的角色都会严丝合缝地拼到空位里。这样一来确实更容易看清各个角色的连接关系，但我们再也看不到角色滚动的样子，也体验不到蛇形连线的乐趣了。

另外，《迪士尼消消看》在连线时不必精确地通过每个角色，系统会自动根据手指滑动的方向进行碰撞检测，帮助玩家准确连线。如果改成必须一个个精确地去连线呢？节奏肯定大不一样。

不难看出，一旦改变这些游戏的系统，它们的节奏和乐趣也会随之变化。

也就是说，每个概念都有一个最适合它的绝妙节奏。而所有的系统也都是为了以最佳节奏来实现概念而存在的。概念的节奏不同，用以实现的系统也必然不同，从中诞生出的核心创意的节奏自然也大不一样。可以说，新创意就是由独特的节奏组合而成的。

所以在敲定概念的同时，一定要把节奏也敲定下来。如果对节奏把握不清，日后很可能会因此失去方向，各位请务必多加留意。

概念是指“最想让玩家玩什么”，所以敲定概念就是敲定“让玩家以什么节奏来玩”。究竟什么节奏才能让玩家最享受游戏呢？这需要在大脑中具体地想象一下。

## 节奏的具体例子

《智龙迷城》的概念是“在一次移动中尽量凑齐更多同色转珠，享受连锁消除的舒服体验”。概念中的“舒服体验”来源于游戏良好的反馈（在玩家的操作之下，转珠能够灵活且迅速地连续换位），而反馈又来源于系统实现的节奏。如果没有这个节奏，舒服体验将无从谈起。

《怪物弹珠》的概念是“利用反弹与撞击配合队友消灭敌人，体验爽快感与战略性”。其中，“爽快感”全凭弹射时的高速才发挥得淋漓尽致，而“速度”正是系统实现的节奏。

《迪士尼消消看》的概念是“迅速找出并消除相连的积木，从中享受舒服体验”。概念中的“舒服体验”来源于快速滑动手指时的良好反馈。这款游戏的反馈来源于两个节奏，一个是连线系统带来的节奏，另一个是物理演算让积木滚落所带来的节奏。

《风之克罗诺亚》从抓住敌人到跳起，再到利用敌人二段跳跃飞到更高处，整个动作流程毫不拖沓。正是这个节奏让概念“利用敌人来征服地图”显得轻松而舒服。

《钻地小子》的节奏由“砖块的下落速度”以及“挖掘砖块后自身向下落的重力效应”共同组成。它实现了概念“边挖边躲的紧张感与快感”。

可见，每个概念都有一个最能表现其乐趣的绝妙节奏，同时必定存在一个能实现该节奏的系统，这个系统又决定了核心创意的节奏。开发游戏的过程中，一定要对这个节奏有十足把握。

## 节奏的关键元素

现在请各位将视线转回自己正在琢磨的创意。你找到的“舒服体验”是否能成为一个有趣的创意，你的心里必须有数。怎么做才能心里有数呢？

就像我在本书最开头说的，游戏成败在于节奏。道理与好听的音乐很相似，一款好游戏肯定有玩起来让人舒服的节奏。

每款游戏都有其独特的节奏，让人舒服的节奏是好游戏的特征。节奏不着调的游戏往往让人提不起劲，或者玩一会儿就觉得烦了。

那么节奏的舒服又来自哪里呢？它可以来自按键操作，来自用触控笔或手指触摸屏幕，来自依据操作显示的特效，来自特效出现时的音效，甚至可以是上述这些元素发生的时机和间隔。

归根结底，节奏的舒服源于人类五感中的视觉、听觉、触觉，是这三种感觉相互融合而成的，所以在鉴定创意好坏时，最该重视节奏是否能给这三种感官带来舒服体验。

首先是视觉。看起来好玩非常关键。游戏视觉效果的好坏将直接影响到人们对游戏的印象，说白了就是觉得它好不好玩。如果一眼看去不觉得有意思，那么这款游戏很多人连碰都不会碰一下。从这种意义上讲，美工团队的品味很重要。

这里的品味是指视觉效果的动作、时机、间隔等元素能否与核心创意的节奏合拍。

然后是听觉。声音带来的舒服体验也很重要。同一件事换上不同音效的话，给人带来的印象截然不同，所以音效团队的品味也很重要。

这里的品味同样指声音切入的时机、间隔等元素能否与核心创意的节奏合拍。

不过，有些游戏我们看别人玩很有趣，或是看宣传视频觉得不错，但实际上手之后却发现一点意思都没有。相信每个玩游戏的人都有过这种经历。

游戏与其他娱乐手段之间存在一个决定性的差异，那就是**互动性**。与其最直接挂钩的就是触觉，即我们所谓的“手感”。游戏是一种需要人通过特定手段来操作的东西，同时游戏会以视觉特效或声音的方式对操作进行反馈。这些反馈的时机与质量共同组成节奏，当它能够触动人的内心时，人们就会感到有趣。

因此，只要能以绝妙的时机与间隔融合视觉（特效）、听觉（声音）、触觉（手感）三种感官，我们就能得到让人舒服的“操作感”。可以说，对节奏影响最大的就是“操作感”。

## 操作感与节奏

找到“舒服”的创意后，先想想这款游戏该如何操作。用游戏机手柄？又或是点击智能机屏幕？再不然就是用电玩城里的特殊控制器？

总之要在脑海中对操作时的情景有一个印象。比如单点或连按 A・B 键时的手感、伸直手指去够 X 键时的手感、转动模拟摇杆时的手感、开始与选择键那种稍微需要用点力的手感、LR 模拟按键那种可以慢慢按进去的手感，等等。

此外还有任天堂 3DS 上用触控笔操作的手感、智能手机点击或滑动屏幕的手感、倾斜机器的手感等硬件独有的手感。

电玩城的游戏设施里，有些需要将卡片放在台面上滑动来操作，这种手感就比较特殊了。究其原因，应该是多了卡片这种“实物”。

然后给每一个操作具体分配一个效果，比如按键时角色猛然跳起、挥剑、开枪、扔炸弹，点击屏幕时戳碎障碍物，连续点击敲地鼠，滑动手指拉弓射箭、给目标连线、分类、刮涂层、转开关、扔东西、抓挠，等等。总之就是要想象**最有趣瞬间的操作节奏**。

有了上述印象之后，再将它放到各个场面中去，想象玩家实际玩游戏时的样子，看能产生出何种舒服的感觉。想象时要将操作瞬间反馈的视觉特效的节奏、音效或铃音的节奏也加进去。

某个情况是以什么间隔、什么速度、带着什么动画特效、伴随着什么声音出现的呢？现在我们应该心里有数了。

以《风之克罗诺亚》为例，它的基本动作流程是按 A 键抓住敌人，按 B 键跳起，立刻再按 B 键二段跳跃，所以节奏是“打、跳、飘”。

《钻地小子》的动作流程是按 A 键挖掘正下方砖块，落到下一层之后立刻再按 A 键继续挖掘。所以它的节奏并不是“啪啪啪啪啪”地高速连按，而是一种非常有韵律的挖掘。

除此之外我们再也找不到与这个动作具有相同节奏的游戏了。现在请再客观地想象一下玩游戏时的情景，当我们内心被触动时是一种怎样的心情呢？

如果是一种从未有过的感觉，那再好不过了。就算是曾经从其他游戏或别的什么娱乐中有过的感觉也无妨，只要能做到用新的元素来触发这种感觉即可。这就是所谓的“新游戏”。因为“创意就是将现有元素以新的方式组合”。

##  任何创意都有它的节奏 

思考创意时，我们通过想象玩游戏时的节奏来感受创意带来的舒服体验。任何创意都有适合它的节奏。即便是同一个创意，用不同的节奏也能让它们变成不同的游戏。

前面我们说《钻地小子》的创作者是从抽将棋中获得的灵感，但该阶段的创意仅仅是“挖一步看一步，细心寻找下一个能挖的方块”，所以节奏很慢。

然而等试玩版本出来之后，他发现一边玩命挖掘一边躲避砖块更加紧张刺激，带来的舒服体验也更多，这才加快了节奏。

《钻地小子》的创意由主题“挖掘”、概念“边挖边躲的紧张感与快感”以及系统“方块的连锁效应”“玩家身处其中”三个要素组成。抽将棋的节奏与快速掘进的节奏都能满足这些要素。

各位可以想象一下玩这两种游戏时的情景，会发现两者给人带来的感受截然不同。

总而言之，希望各位在思考核心创意时，多在概念的节奏上费点心思，力求获得最舒服的体验。当然，最合适的节奏有时会与现有游戏的节奏雷同，但这不是坏事，与好玩的游戏节奏雷同，证明你的创意也能带来同等的乐趣。

有人可能要问了，这样一来创意本身不就雷同了吗？如果每一个部分都相同，那确实是雷同的。然而一个游戏要由多种节奏组合而成。前面我们说“创意就是将现有元素以新的方式组合”，这里可以换另一个说法：

**创意就是将现有节奏以新的方式组合。**

就算你的节奏与现有节奏相同，只要将它们在一款游戏中以前所未有的方式组合在一起，并且能创造出舒服体验，那它就是一个新创意。

每个核心创意都有自己的节奏，但这个节奏并不是单一的，它由多个小节奏组合而成。所以在思考创意时，要去想象组合以后的节奏，找出其中能通过前所未有的组合创造出全新节奏的创意。

## 小结

第3章的内容总结起来就是：核心创意通过最合适的节奏产生舒服体验，且该节奏源于视觉、听觉、触觉相融合而成的操作感。

寻找创意的工作到此就算完成了？各位先不要操之过急，下一章我们将教各位鉴别创意好坏的方法，看看你找到的核心创意是不是一块真金。

# 确认创意的核心

经过前面 3 章，我们找到了“舒服”的体验，让“主题”“概念”“系统”三要素做到了完美互补，通过融合三要素找到了最合适的节奏，使“舒服”达到了巅峰，于是我们有了一个核心创意。至此，各位可能已经摩拳擦掌准备开工创作游戏了。但恕我泼一盆冷水，一个创意到此并不算是完工，开始创作游戏之前，还需要再对核心创意进行一次审查。

## 支撑核心的创意

我们在第 1 章中已经确立了三要素的互补关系，在第 3 章中也验证了其节奏，因此这个核心创意只要能利用系统频繁触发概念中描述的事，那就应该是一款舒服的游戏。

不过这毕竟是理想化的情况。能触发概念中描述的事固然让人舒服，但我们的创意之中有可能还留有漏洞，使得实际玩游戏时难以进入理想状况。这个问题一定要引起注意。

在思考创意时，我们往往只去想象最理想的情况，但实际玩游戏的人不一定按照我们设想的去玩，所以我们的游戏必须让所有人都能自然而然地进入理想的情况才行。

如今“主题”“概念”“系统”三要素已经相互融合形成了舒服的节奏，所以我们只要想办法频繁触发有趣的事就行了。

这时就需要用到**支撑核心的创意**了。

《钻地小子》的核心创意中，主题是“挖掘”，概念是“边挖边躲的紧张感与快感”，系统是“方块的连锁效应”和“玩家身处其中”。

该游戏的系统中有一个问题，如果玩家径直向下挖，就能够一直保证自身安全。由于径直向下挖的时候头顶上不可能留有砖块，因此完全不必担心被落下来的砖块压死。

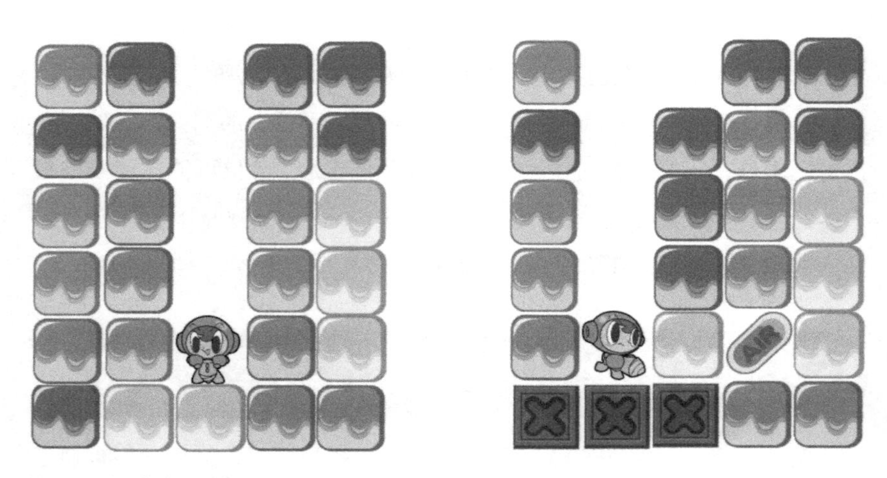


**图4-1 径直向下挖不必担心被压死，所以设置了 × 标方块，氧气胶囊也设置在了侧边，让玩家不得不横向挖掘**

这个问题不解决游戏肯定没法玩，可是该怎么解决呢？关键在于让玩家横向挖掘横向移动，这样玩家头顶就会出现失去支撑的方块，进而诱发连锁效应让大量方块崩落。

于是这里需要一个机制，即“支撑核心的创意”，创造出一些让玩家不能径直向下挖的情况。该游戏所用的创意是“氧气胶囊”。

游戏加入了氧气的概念，计时开始后氧气将从 100% 逐渐下降，降为 0% 时玩家失去一次机会，因此玩家必须在挖掘过程中补充氧气。补充的途径就是氧气胶囊。氧气胶囊会随机放置在游戏区域内，所以没人能保证当前位置的正下方有胶囊。玩家若想补充氧气，就只能找一条安全路线向胶囊掘进。某些时候就算要冒很大风险也必须去拿胶囊。这样一来就增加了横向挖掘的机会，让玩家不得不面对连环崩落的方块，从而实现了“边挖边躲的紧张感”。

不过，氧气胶囊毕竟不能在场景中过多出现，因而还需要其他让玩家不得不横向挖掘的创意。于是创作者又想到了“× 标方块”。× 标方块最初的定位是挖不穿的“铁块”。挖不穿就无法继续往下挖，玩家自然需要修正路线。然而铁块存在一个致命的缺点，那就是出现下图这种情况的时候。

图4-2　挖不穿的方块会形成死路

游戏的主人公只能向上爬一个方块，所以遇到上图的情况时完全无法继续前进，也就是我们俗称的“卡死了”。要知道，这款游戏起初是面向街机开发的，玩家花钱投了币却遇到“卡死”，这对游戏而言是致命的。最终铁块的设计被放弃，取而代之的是 × 标方块。× 标方块需要挖掘 5 次才能打穿。然而问题又来了，对于手速足够快的玩家来说，挖 1 次和挖 5 次在时间上没有太大区别。

于是创作者又给 × 标方块添加了“挖穿后消耗 20% 氧气”的机制。这让玩家开始衡量挖穿（消耗 20% 氧气）与绕路（被压死）的风险，使得

更多人选择绕开 × 标方块掘进。

该游戏第一个试玩版本只有一个无尽关卡，玩家要用三次机会挑战深度极限。后来创作者发现一直保持紧张感会使游戏变得严肃，中间夹杂些喘息的空间反而更让人舒服，便在每 100 米设置了一个中断点。

中断点的设计给游戏创造了节奏，使玩的过程有张有弛，还让玩家有了一步步前进的成就感。此外，抵达中断点的瞬间，头顶上所有方块会被一次性消除，所以当玩家面临大量崩落的方块时，只要能在被压死前冲到 100 米处，就能化险为夷。这又一次扩充了游戏的不确定性，使玩家在游戏中产生诸如“最后关头居然挺过来了！”“可惜差那么一点！”的喜怒哀乐。

要注意的是，上面提到的“氧气”“氧气胶囊”“× 标方块”“每 100 米一个中断点”这四个创意全都是为概念服务的，其关系如下图所示。

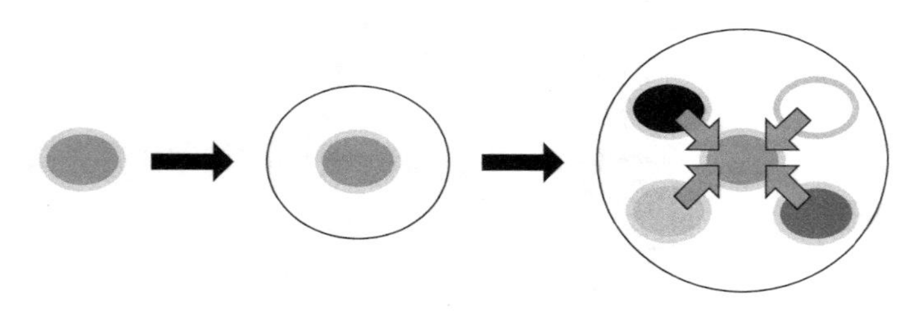

图 4-3　所有创意都是为实现“概念”服务的

它们都是为实现“边挖边躲的紧张感与快感”服务的。所以说，只要核心创意足够站得住脚，让概念更加有趣的创意就会层出不穷。

## 扩充核心的创意

经过这么多讲解，相信各位已经有了核心创意，一部分读者甚至确立了支撑核心的创意，应该可以开工了吧？稍安勿躁，我们还有一件事需要考虑。各位请想一想，单凭手中现有的创意，够做出一款游戏吗？

如果只是课程设计里那种能玩5分钟就行的游戏，这些创意足够用了。创作个免费给人玩的同人游戏问题也不大。另外，用作游戏展上的概念演示应该也没问题。

但是，一款拿来卖的游戏产品需要更长的游戏寿命。这就要求有更多的创意，也就是要以核心创意为核心，再添加多个扩充核心的创意。如果我们现在就开工，开发到一半肯定要回过头来找扩充核心的创意加入游戏。这种情况很危险，就连专业开发团队都可能迷失方向。开发中找不到方向的最大原因也是在创意不足的情况下就开了工。扩充核心的创意很好找，只要以核心创意为核心来创作即可。但要明白，万一核心创意无法在核心位置立足，开发必然中途受挫。然而此时开发已经进行到一半，人们很难有决心中途放弃，于是只能想办法抢救。这一抢救，闹不好就进了死胡同再也出不来。一旦陷入这种僵局，再如何想办法可能也无济于事。所以为避免这种情况发生，我们在找到核心创意之后，要先验证它是否足以站在核心位置。

好的创意能让听者立刻在脑海中产生画面与节奏，接着大量创意就会如泉涌般随之而来。如果你的创意只能让人派生出一两个创意，表明它不足以成为核心。由“主题”“概念”“系统”三要素结合而成的创意如果能成为核心创意，那么用来扩充它的创意应该是层出不穷的。接下来我们要逐一来验证这些创意。

## 这个创意能让概念更好玩吗？

说白了，就是看看这些用于扩充核心的创意是不是为核心创意的概念服务的。不管创意单独拿出来多么有趣，只要它与核心创意背道而驰，就必须放弃。因为这种创意会使概念产生动摇。概念一旦动摇了，我们就会慢慢看不清这究竟是一款干什么的游戏。因此我们要时刻以概念为立足点来验证创意：“这款游戏是让人玩○○○的，如今手里这个创意能让○○○

变得更好玩吗？”答案是YES的予以采用，是NO的不予采用。不予采用的创意留到以后重新修改，如果实在无法服务于概念，那就只能否决。

另外，核心创意太弱会导致创意内容不足，使得一款游戏存在多个小核心。然后每个小核心又会派生出一些创意来扩充它们自己，到头来游戏成品如同一盘散沙。这种游戏的策划一般不会有多少内容，最终也无法统筹，画成图就是下面的样子。

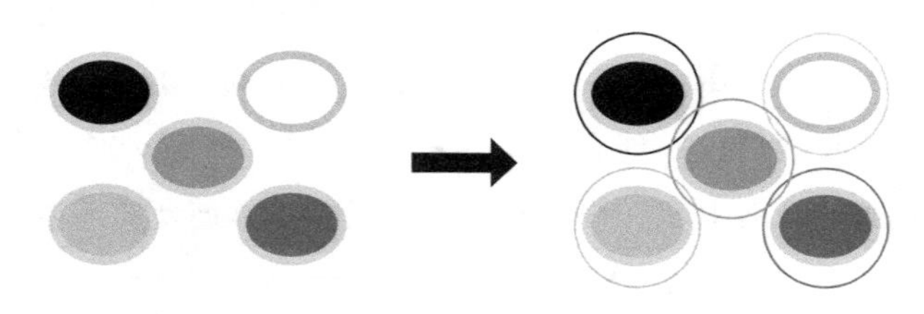

图4-4 存在多个核心时，每个核心都会派生出创意来扩充自己，最后游戏成品如一盘散沙

可以看到，位于中心的核心创意虽然有所扩充，但扩充能力有限，于是其他创意各自成为了核心，导致核心越来越多。最后虽然各个核心经过扩充有小部分重叠，但究其本质仍然是一个个单独的创意，扩充能力极其有限。

反过来，当核心创意足够强时，会从中不断衍生出创意来扩充自己，同时游戏显得很有整体感，画成图就是图4-5的样子。

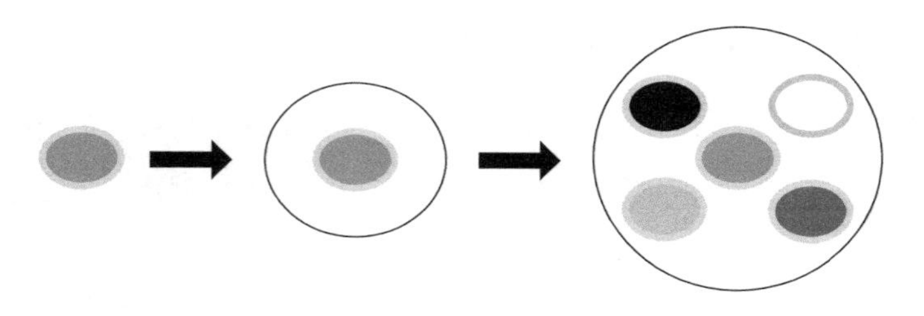

图4-5 从一个核心衍生创意来扩充自己的游戏显得很有整体感

这种情况下，“让核心创意更有趣的创意”层出不穷，而且它们全都为补充概念服务。

##  创意是否位于核心 

如何区分核心创意与其他创意呢？各位可以先想一个核心创意，然后想几个用于扩充核心的创意并写在纸上。这些创意扩充了基于核心创意的可玩内容，所以我们要把这些创意能做的事尽可能地列举出来。

现在以《LINE：迪士尼消消看》为例给各位演示一遍。这款游戏的“主题”“概念”“系统”如下。

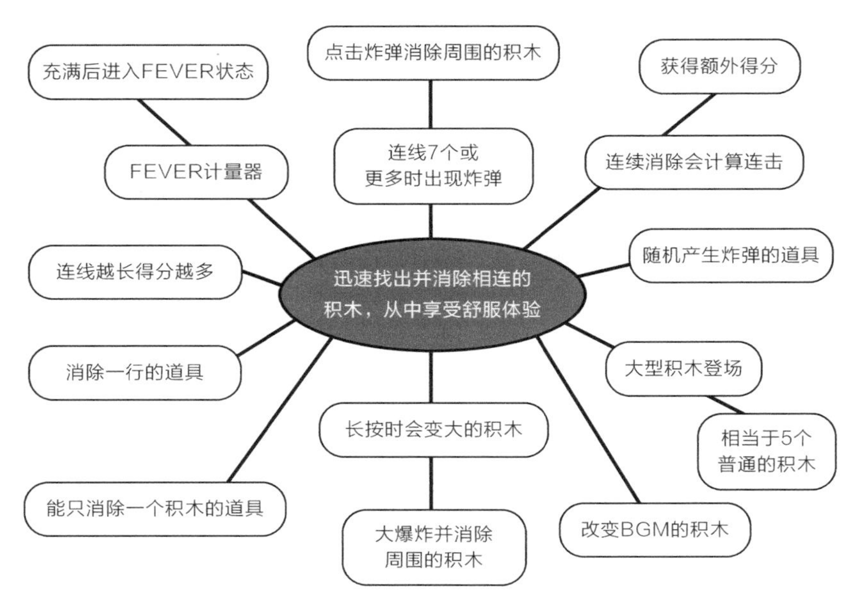


图4-6 《LINE:迪士尼消消看》中扩充核心的创意

主题 ..........消除Q版迪士尼角色
概念 ..........迅速找出并消除相连的积木，从中享受舒服体验
系统 ..........连线3个或更多积木进行消除的机制、依据物理演算堆砌在一起的积木

这是它的核心创意。现在我们试着列举出扩充核心的创意。

这里一口气列出了许多创意，它们真的都符合概念吗？我们这就来验证一下。至于验证的标准，就是看它们能不能使“最想让玩家玩的东西”变得“更好玩”。如果其中出现并未服务于概念（即没有让概念更有趣）的创意，就先把它们拿出来放到一边。

另外还要注意核心创意的节奏。前面我们多次强调过，思考核心创意时一定要考虑节奏。在这里就是要看它们是否与该节奏合拍。合拍的留下来，不合拍的暂且放到一边。

- **连线7个或更多时出现炸弹，点击炸弹能消除周围的积木**

这个创意能促使人们在追求速度的同时尽可能长地连线，并且能带来一次性消除大量积木的爽快感。它对迅速消除积木的节奏有积极影响，所以符合概念。

- **连续消除会计算连击，获得额外得分**

这个机制让玩家在不间断消除的情况下获益，对迅速消除积木的节奏有积极影响，所以保留。

- **FEVER计量器不断充能，充满后进入FEVER状态**

促使玩家不间断地进行消除以保持FEVER状态，可以保留。而且这个创意并不影响节奏。

- **偶尔出现大型积木（1 个相当于 5 个）**

大型积木 1 个相当于 5 个，2 个大型积木相连就会出现炸弹，它既不影响找积木的节奏，也不影响快速消除的节奏。

- **连线越长得分越多**

在消除量相同的情况下，按一定顺序消除可以将同种积木留到最后连成一条长长的线，使游戏多了动脑的成分。它促使玩家开动脑筋追求更高得分，并且不影响节奏。

- **消除一行的道具**
- **随机产生炸弹的道具**
- **能只消除一个积木的道具**

这些创意又如何呢？要看具体怎么用这些道具了。消除一行、制造大量炸弹、随心所欲一个个消除确实能带来爽快感，但它们都与“迅速找出并消除相连的积木”相悖，而且使用道具会使游戏暂停，破坏节奏，所以暂且放到一边。鉴于它们能带来舒服体验，可以留作附属机制使用。

- **改变 BGM 的积木**

并不能带来什么乐趣，与现阶段概念毫无关系，所以暂且放到一边。

- **长按时会慢慢变大，最终会爆炸的积木**

长按的操作会影响概念的节奏，所以暂且放到一边。

整理过后就是下面的样子。

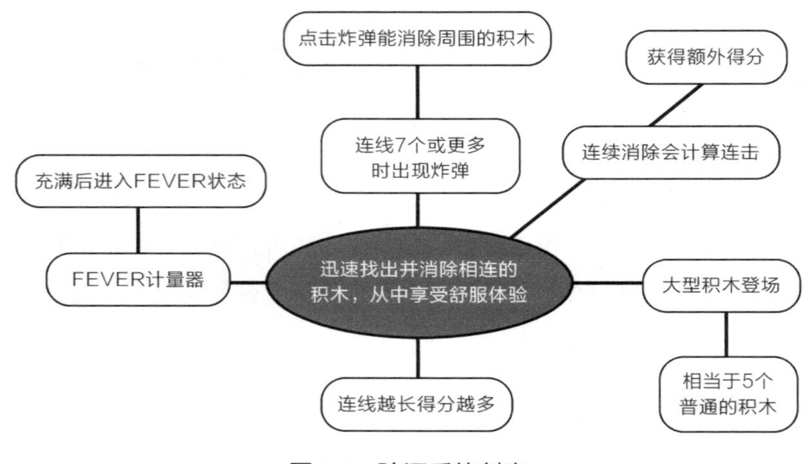


图4-7 验证后的创意

至于图中的关系是否正确，可以用下面的填空题来确认。

A 处填概念，B 处填派生创意。

| 为了实现 A ，有了 B 。 |
|---|

然后将 A 和 B 换个位置再确认一遍。

| 因为有了 B ，所以实现了 A 。 |
|---|

比如以下两句都成立的话就 OK。

为了实现 **迅速找出并消除相连的积木**，有了 **连续消除会计算连击**。

因为有了 **连续消除会计算连击**，

所以实现了 **迅速找出并消除相连的积木**。

再来看看“产生 BGM 的积木”。

为了实现 **迅速找出并消除相连的积木**，有了 **产生BGM的积木**。

然而产生 BGM 与迅速消除积木并没有因果关系。

因为有了 **产生BGM的积木**，
所以实现了 **迅速找出并消除相连的积木**。

这句话里也一样，产生 BGM 并没有对迅速消除积木做出一丝贡献。

于是可以得出结论，“产生 BGM 的积木”与“迅速找出并消除相连的积木”并没有直接联系。

“消除一行的道具”又如何呢？

为了实现 **迅速找出并消除相连的积木，从中享受舒服体验**，
有了 **消除一行的道具**。

“消除一行的道具”确实可以为“快速消除积木”做出贡献，看起来没什么问题。

因为有了 **消除一行的道具**，
所以实现了 **迅速找出并消除相连的积木，从中享受舒服体验**。

反过来又怎么样呢？“消除一行的道具”能促使人“迅速找出能够连线的积木”吗？二者现阶段貌似没什么联系，中间还需要其他机制来填补才行。

经过上述验证之后，能够留下的创意必然满足“强化概念中的舒服体验”这一要求。反过来说，只要有了这些机制，玩家必定能在游戏中享受到概念所描述的乐趣。如果最终能留下 5 ~ 6 个创意，就表明我们之前找的创意是“核心创意”。

相反地，当绝大部分创意都被否决时，说明我们的创意有问题。以这种创意为核心创作游戏必然走进死胡同，因此需要重新审视。

## 没有无用的创意

在验证创意的过程中，我们难免否决掉一部分与概念或节奏相悖的创意，但并不代表这些创意就是无用的。

创意中没有“绝对无用的创意”，只有与概念“合适”“不合适”之分。

因此所有创意都需要精心保存下来，它在这个概念里被否决，没准在那个概念里就能大放异彩。

玩过《LINE：迪士尼消消看》的读者可能已经注意到了，前面被我们否决的道具和BGM的创意，有的被放在了“喜爱的角色”的技能里，有的被放在了其他机制中。

它们虽然与核心创意的概念有着不同节奏，但一款游戏常要通过改变节奏的方法创造高潮。这种时候，节奏不同反而成了它们的优势。

关于这方面的具体问题我们将在第12章详细讲解。

严格确立“核心创意”是加入此类创意的前提条件。未满足条件的情况下，这些创意还是先放一放吧。

## 核心创意有时是会变的

上面《LINE：迪士尼消消看》的例子只是我根据成品所做的推测，它虽然有一个很明确的核心创意，但这个创意不一定从一开始就是核心，核心创意往往是在多次尝试之中摸索出来的。在我们思考、验证创意的过程中，有时候其他创意比核心创意扩充得还要丰富，最终取代了核心创意的位置。

《风之克罗诺亚》就是这样。玩过《风之克罗诺亚》或在YouTube等网站上看过视频的读者应该明白，正式版《风之克罗诺亚》的基本动作是

“抓住敌人”和“二段跳跃”。利用这两种动作行云流水般地征服地图便是这款游戏的节奏。

实际上，这款游戏在开发之初并没有包含“二段跳跃”的创意。《风之克罗诺亚》最初的概念是“利用敌人来战斗的动作游戏”。在我们的脑海中，这款游戏的节奏应该是不断抓敌人、砸敌人、抓敌人、砸敌人，一路消灭敌人直达终点。脑海中最初的印象也只有“把敌人吹成气球扛着走”这一条。当时的创意有两个，一个是拿吹成气球的敌人**砸死其他敌人**，另一个是把吹成气球的敌人**放在地面上踩着**跳到原本够不着的地方。

这两个创意的关键点在于“在攻击和移动两方面使用敌人”。我们明确感觉到这将带来全新的游戏性，对节奏也是心里有数。然而真正做出东西来才发现，游戏节奏和我们脑海中描绘的完全不同。当时的操作系统是“跳跃”“射击”和“放置”的三键制。按“射击”抓住敌人，再按“射击”扔出敌人，按“放置”则是把敌人向前一丢，敌人会在行进方向上轻弹3次后停止，主人公克罗诺亚随即跟上来以敌人为踏板跳到更高处（参见图4-8）。

图4-8 《风之克罗诺亚》最初的设计

图4-8 （续）

奔跑过程中抓住敌人→按“放置”键敌人轻弹3次→停止的瞬间主人公刚好跑到该位置踩着敌人跳起，这一串动作连贯且不拖沓，是我们当时追求的节奏。

但是实际并不尽如人意。当遇到需要穿过狭小缝隙跳上高处的情况（如图4-9所示）时，玩家必须让敌人恰好停在天花板缝隙的正下方。这一操作非常难掌握，很容易扔远或者扔近，一旦扔偏了，玩家就必须抓住敌人再退回去重新扔。所以每次遇到这种情况，玩家就面临着多次“无聊的重复动作”。

这与我们想象中“行云流水般征服关卡”的节奏相去甚远。

图4-9　很难让敌人正好停在缝隙下方

很显然，这样下去无法获得我们想要的节奏。正在我苦恼之际，策划团队的一名成员突然提出了“二段跳跃”的创意。具体说来，就是抓着敌人跳起，然后空中再按一次跳跃键将敌人向下踢，让主人公利用反作用力飞到更高处。这样只要抓着敌人走到缝隙正下方用二段跳跃就能解决问题了，真是个好主意。

图4-10 二段跳跃的创意

## 核心可玩内容会发生变化

然而这个创意让我很犹豫，因为《风之克罗诺亚》原本的主旨是与敌人战斗，移动方面的考虑很有限。

将最初的创意画成关系图就是下面这个样子。

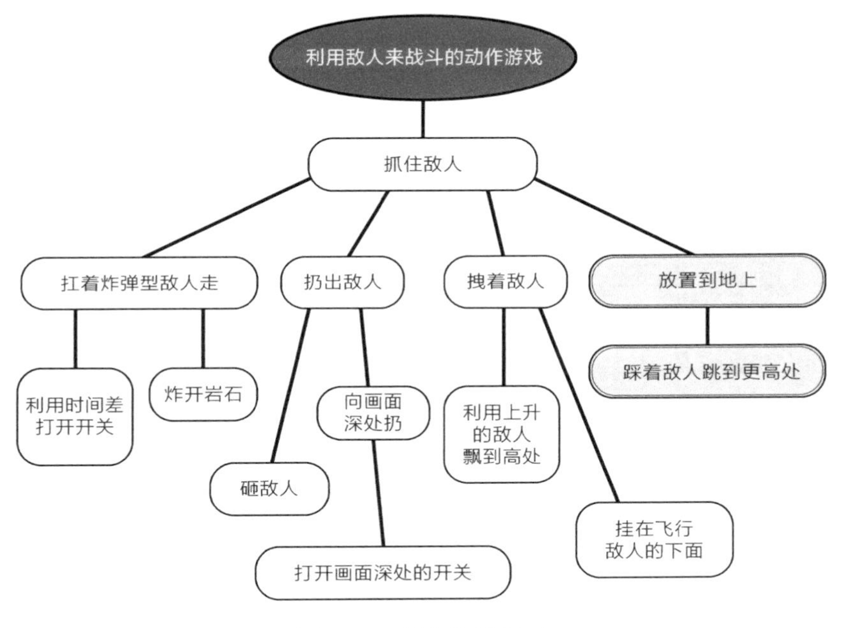


图4-11　创意的关系图

当时，“将敌人放在地上当踏板”的创意只不过是敌人的用途之一，游戏内容侧重于杀敌和解除机关，拿敌人当踏板只是为了让玩家能跳上更高的台子，说白了就是“移动”中的一部分可玩内容。

然而加入二段跳跃之后，扩充型创意开始源源不断地涌现出来。

“要是敌人在空中排成一竖排，玩家就能连续使用二段跳跃越飞越高了。”

“二段跳跃向下踢敌人的时候，能直接把正下方的敌人砸死吧？”

“遇到普通跳跃无法越过的峡谷时，可以跳到一半再用二段跳跃飞过去。”

“面对空中一横排敌人的时候，只要不断重复抓敌人→二段跳跃→抓敌人→二段跳跃，就能在空中横向移动了。”

“在一些跳下去会死的地方安排个开关，让玩家用二段跳跃踢敌人来激活，这样既能激活开关，又能保证自己往上飞不掉下去。”

将这些创意整理成关系图后如下所示。

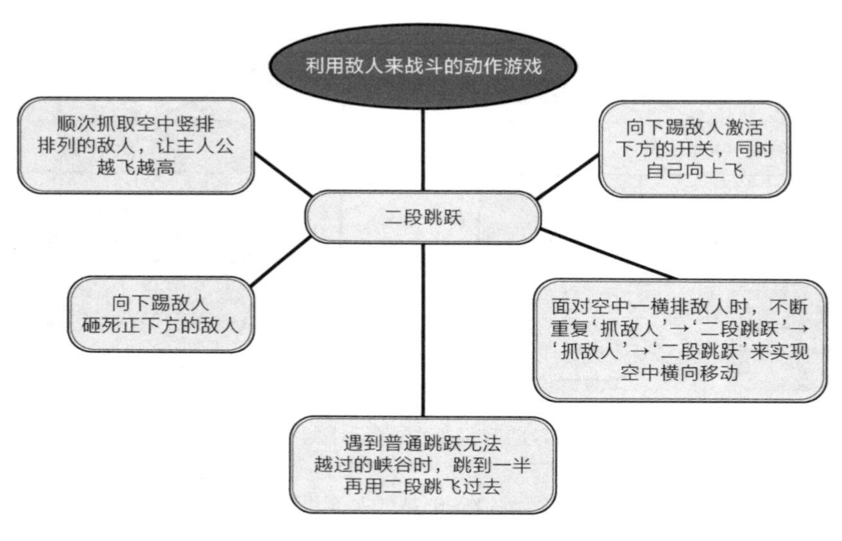


图4-12 扩充创意的关系图

如此一来，二段跳跃在创意中所占的比重一下子大了许多，使得“攻击”与“移动”的地位发生了对调。以二段跳跃为基础意味着《风之克罗诺亚》的游戏性要从攻击为主转为移动为主。也就是说，敌人的定位从“战斗对象”变成了“移动的手段”，游戏变得更贴近跑酷型动作游戏。

当时我很犹豫，毕竟这会改变游戏的概念，加入二段跳跃真的是明智之举吗？后来我们简单地做了个测试版玩了玩，这才惊奇地发现它的节奏感正是我们想要的。多亏有了二段跳跃的创意，我们脑海中那个行云流水般奔走闯关的节奏才得以实现。

于是游戏的概念便从“利用敌人来战斗的动作游戏”变成了“利用敌人来征服地图的动作游戏”。

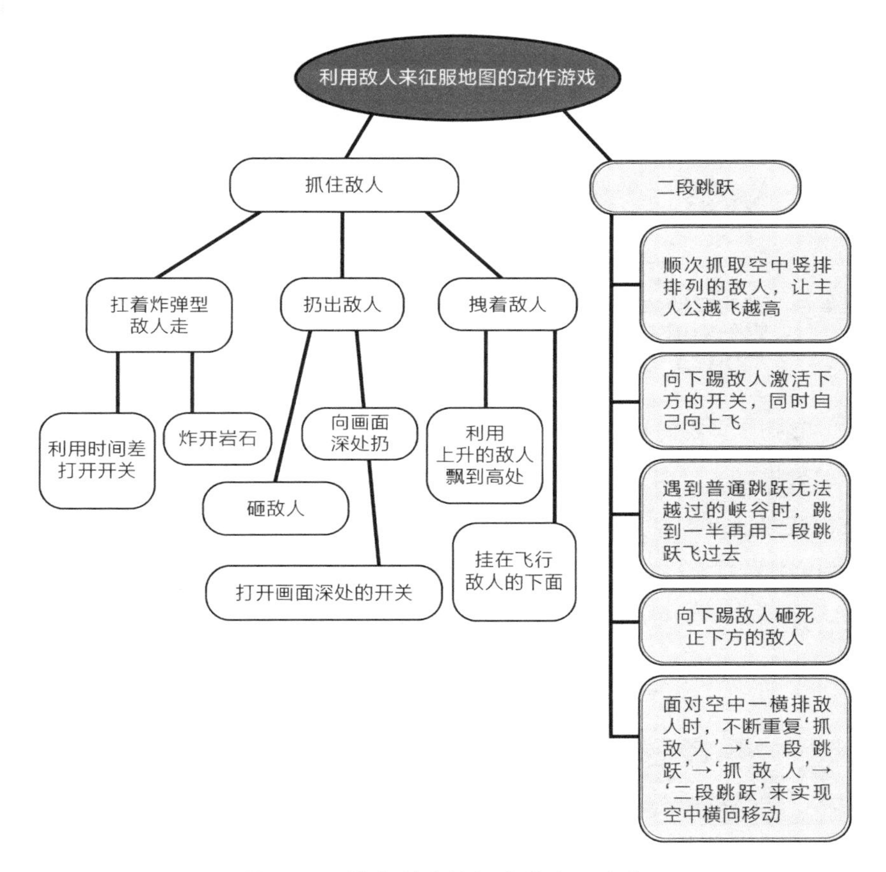


图4-13　核心创意的概念发生了变化

就这样,《风之克罗诺亚》的基本系统变成了“抓敌人”和“二段跳跃”。我们可以将这款几经曲折才找到核心创意的游戏总结成下图。

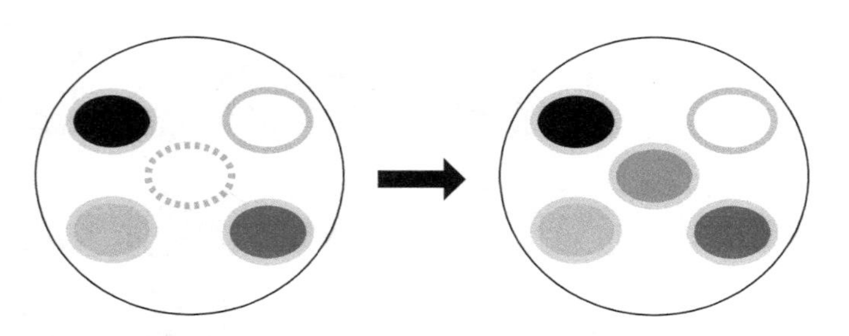

图4-14 游戏有整体节奏的定位，也有基本动作元素，但实际游戏的节奏与想象中相去甚远。加入二段跳跃的创意后再环顾整个游戏，发现这个创意正适合拿来作为核心

可见，当我们拥有多个核心，并且绞尽脑汁都无法将其整理出想象中的效果时，说明我们还欠缺一个真正能放到核心位置的创意。寻找这个创意的过程更像是解数学题，因为我们在找到它时的第一反应并不是“我想到了”，而是“我懂了”。你会觉得之前所有模棱两可的印象突然全都合理了，有一种“我就知道这些创意都是好点子！”的感觉。各位体验一次就明白我的意思了。

## 小结

第 4 章中我们讲了验证核心创意的相关内容。要验证核心创意是否真的位于核心位置，首先要尽可能多地列出扩充核心的创意，依据“是否让概念更有趣”的标准对它们进行取舍，如果有大量扩充创意被保留下来，说明我们可以以当前创意为核心继续开发。

画成图就是下面的样子。

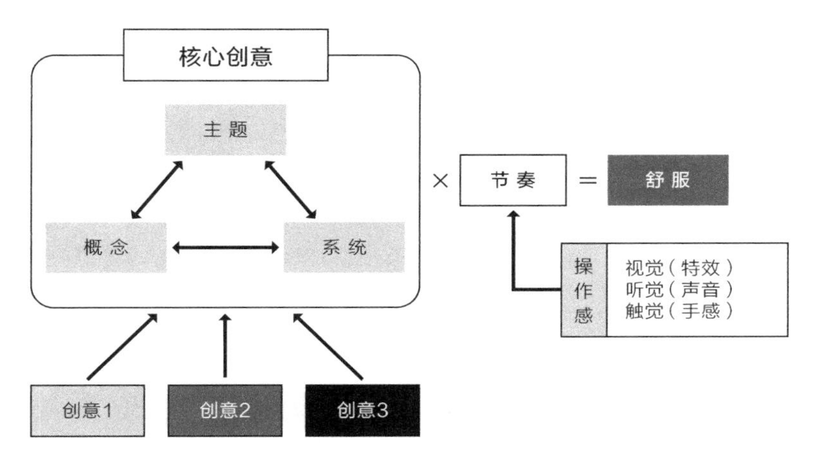


图4-15　扩充核心的创意（让概念更好玩的创意）支撑着由“主题”“概念”“系统”构成的核心创意。这些创意对核心创意的节奏只能有强化效果，绝不能有损害

下一章我们将聊一聊与他人分享创意的重要性。

专　栏

## 游戏创作者的工作

游戏创作者按职业可以分成很多种，有总监、策划、程序员、美术设计师、音效设计师等。他们还能进一步细分成脚本设计师、关卡设计师、模型师、渲染程序员等。总而言之，用“游戏创作者”一词来统称这么多职业确实有些不妥，但本书认为游戏创作者就是以“让游戏更有趣”为工作的人，所以不管你是哪个职业，只要属于游戏创作者，那么这本书就是为你写的。从这种意义上讲，职业问题完全可以放在一边，因为所有开发团队成员都是游戏创作者，都应该为“让游戏更有趣”尽一份力。但这里我们来聊一聊设计总监的相关话题。

● **设计总监的工作**

虽说开发团队全员都是游戏创作者，都背负着让游戏更有趣的责任，但如果大家都各自想各自的，那最后肯定会留下一个没法收拾的烂摊子。因此策划类职业，尤其是设计总监，在游戏创作者中属于相对重要的。

顺便说一下，设计总监并不一定是想出原始创意的人。因为想出创意的人不一定能很好地把握和总结创意，因此有些时候会在已有创意的基础上另请他人做设计总监。

可以毫不客气地说，设计总监等策划层的工作是否到位，直接决定了整个游戏项目的命运。

设计总监相当于交响乐团的指挥。交响乐团成员个个都在某种乐器上有一技之长，指挥则要负责让他们该扬的时候扬，该抑的时候抑，将成员们的特长升华为合理且具有独特节奏的音乐。设计总监在游戏开发中的作用与此类似。

在面试立志进入游戏界的学生时，我发现有很多理科生对编程团队并不感冒，而是像文科生一样喜欢应聘策划类职业。毕竟在世人眼里，策划类职业是负责研究游戏创意的。所以在面试他们的时候，只要我问："你觉得游戏策划是干什么的？"都会得到这样的回答：

"想出游戏创意并进行策划的。"

然后对于"当了策划以后想干什么？"这个问题，回答是：

"把自己的创意做成产品给世人品评。"

其中肯定有人认为策划只要想出创意再总结出需求就算大功告成。然而这是一种严重的误解，它只不过是整个游戏项目的开端。以我的经验，"想创意"在策划的工作中最多也就能占到20%。当然，没有创意一切都无从谈起，所以说策划是"想创意的"也没错。但是，对以设计总监为首的策划团队而言，他们大半工作都是与项目组成员进行交流，并进行管理和做出判断。

● **交流**

设计总监的职责之一，是不厌其烦地向项目组成员指示游戏的概念、提出重点、安排优先顺序等。这些东西不能只在项目启动时说一遍，因为太久不提人们便会把它忘到脑后。所以必须不厌其烦，碰到一次就说一次，说到耳朵起茧子为止。

比如两个创意二选一时，要说“咱这游戏的概念是○○○对吧？这边这个创意会影响概念，那边那个反而能强化概念，所以咱要选那边那个”。

这些话不光要跟成员说，有时候还要讲给上司（制作人、部长、科长甚至总经理等）听，如果有外包部分，还必须跟外包公司的制作人、开发成员以及销售部、宣传部成员讲明白。总之设计总监要自始至终秉承着同一方针与所有参与开发的人保持交流。

● **管理**

接下来是管理。说到管理，各位的第一印象可能是上司指导部下。但我这里要讲的不是管理层与被管理层的问题，我想说的管理更接近学校社团经理的工作，比如活跃团队气氛，照顾团队成员等。

我认为，只有整个项目组成员都能享受到游戏的乐趣，才能创作出一款好玩的游戏，所以创作游戏先要保证眼前的成员能玩得开心。一款游戏如果连创作者都不觉得好玩，别人就更不会觉得它有意思了。只有乐在其中才能创作出好玩的游戏。如果一款游戏是在“唉，做这个游戏太没劲了，真想赶紧弄完这个项目，去做我喜欢的策划案”这种抱怨声中做出来的，那么玩家玩这款游戏时也能感受到你的抱怨。所以要想创作一款好玩的游戏，一定要先让开发成员乐在其中。这样做出的游戏绝对比你预想中更棒、更抢眼、更有趣。

游戏的创意并不是策划一个人想出来的。当然，每个游戏都需要最基础的创意（即核心创意），但提出创意的人不一定必须是策划层。

一个人能想到的创意毕竟有限，它需要借由拥有不同人生经验的人来完善、融合，从而引起化学反应，成长为前所未有的新创意。

### ● 判断

当然，不是说只要成员乐在其中就一定能做出好游戏。这种情况下反而要多加注意，因为如果策划层心里没有一杆称，此时更容易迷失方向做出莫名其妙的游戏，或是由于意见无法统一导致做出的游戏无趣，最坏的情况下项目甚至会空中解体。

我们要面对自己和开发成员脑中涌现的无数创意。

把所有创意照单全收就能让游戏更有趣吗？答案必然是否定的，所以我们要“判断”收或者不收。要知道，最后拍板定案是设计总监的工作。

# 培育创意中的节奏

# 向他人讲述创意

前面，我们将“舒服的体验”总结成了游戏创意，随后对扩充核心的创意进行了整理，又确认了核心创意的核心位置，现在终于可以动手创作游戏了。

恕我多嘴问一句：各位懂美工吗？会编程吗？二者都会的不妨立刻将创意落实成游戏，看看玩起来效果如何。不过，对于只会其中一种，甚至两种都不会的人来说，凭一己之力是无法完成这款游戏的。我也是这类人之一。这种时候就需要找一些能创作视觉素材的人、玩得转编程的人、会鼓捣音效的人来帮忙，总之是不可避免地要借他人之手共同完成游戏。于是，我们必须将自己的创意讲述给他们听。讲述过程中不仅要让全体开发人员彻底理解创意，还要引导他们去思考，力求将创意变得更有趣。

还有，就算你既会搞美工又会编程序还会玩音效，找个人从客观角度审视一下自己的创意也是颇有裨益的。毕竟将来玩这款游戏的人不是你自己。有时候我们自认为对创意了若指掌，但给别人讲述时却发现里面还有很多东西尚未注意到。所以说，将创意总结成形之后，最好找几个对其内容一无所知的人来听听看。

讲述创意时最重要的是让对方理解游戏的节奏。

## 将想到的创意讲述给他人听

向别人讲述创意时，一旦创意的节奏没能正确表达，对方的见解必然出现偏差。下面我举一个具体例子，看看A先生向另外两人讲述创意并征求意见时的情景。

A先生想了个以“跳跃”为主题的游戏，其概念是“尽享跳跃的乐趣”，系统为“用右摇杆奔跑”和“按跳跃键跳跃”。在A先生想象的情景中，玩家角色“奔跑君”以非常快的速度向右奔跑，前方不断出现或长或短的地板，玩家需要在恰当时机跳跃，保证主人公在前进过程中不跌入谷底。

听完A先生的说明后，B先生和C先生开始发表意见。

A:“总之我是想让玩家通过这款游戏享受边跳边前进的过程。”

B:“我觉得这创意挺有意思。”

C:“同感，简单暴力挺好。”

A:“可我还希望这创意能更好玩一些，你俩能不能帮我出出主意？”

B:“行啊。比如说吧，让主人公边跑边收集道具怎么样？”

C:“道具啊……比如金币啥的吗?”

B:“对，里面可以再掺些一个顶十个的大金币。”

A:“我懂了，这招不错，还能让人更有前进的动力。”

B:“还可以诱使玩家动动脑子，看怎样捡金币效率最高。”

A:“玩家要是光顾着动脑，就没法享受跳跃了啊。”

B:“不会，我觉得思考最高效率路线反而能促进玩家更快更好地使用跳跃。”

C:“同意。可以把大金币放在最高处，让玩家琢磨怎样跳才能捡到。这样一来，捡到时的成就感能翻着倍往上涨。”

A:“不不，大金币应该放在正常路线中，而且得让玩家一看就知道怎么拿。”

B:“这样太没玩头了吧。我觉得应该搞个竞速，比比谁能最快收集所有金币，这才能让玩家有发挥的空间，拓展游戏的可玩性。”

A:“呃……我想要那种更能刺激反射神经的感觉。不如干脆放弃右摇杆前进的操作，直接改成强制卷轴。”

B:“诶？强制卷轴？那就只能做一些很简单的地图了啊。”

C:“我认为强制卷轴也挺好。比如跳跃可以设计成按键越久跳得越高，于是道具位置越高就需要越长时间去跳，玩家必须通过卷轴速度和跳跃高度来计算按键时机，这也挺有意思的。”

B:“诶？卷轴这么慢吗？那我之前说的最高效率路线问题也能加进去了。”

A:“不不不，卷轴速度一定要快，不然就没有紧张感了。”

B · C:“诶？是吗?”

这两位虽说出了不少主意，但没有一个能与 A 先生脑中的创意搭上调。为什么会这样呢？因为 B 先生和 C 先生脑中想象的节奏与 A 先生的不一致。如果设 A 先生想象的节奏为 10，那么 B 先生的有 5，C 先生的则只有 1。在 A 先生的想象中，这是一款主人公一直向右不停冲刺的游戏，所以他会提出强制卷轴的创意，让玩家把注意力全都放在地面缝隙以及跳跃上，重点突出游戏过程的紧张感。

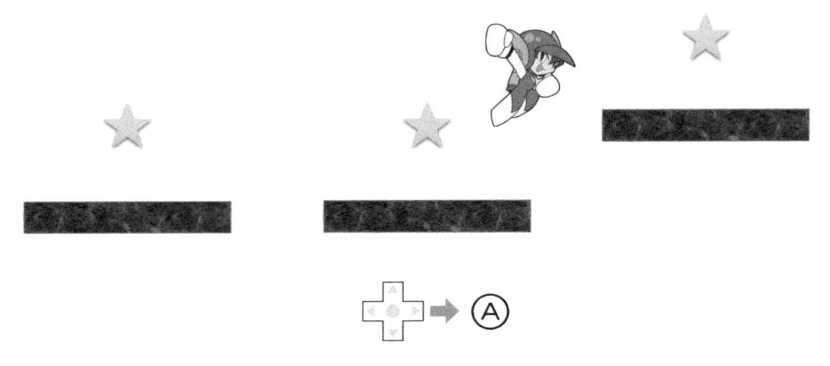


图5-1　A先生对跳跃动作的想象

所以他觉得金币应该用作提示跳跃的工具，绝不应该出现在跳起来拿不到的地方。此外，由于卷轴速度很快，玩家没有时间动脑思考如何获取金币，因此他提出“得让玩家一看就知道怎么拿”。

B 先生又是怎么想的呢？在他脑海中，玩家要在地图里左蹦右跳地寻找通关路径。所以他会提出思索高效拾取金币的路线、左右快速跳跃登上悬崖等创意，让玩家在地图中享受跳跃的乐趣。

图5-2 B先生对跳跃动作的想象

所以在 A 先生提出“大金币应该放在正常路线中，而且得让玩家一看就知道怎么拿”的时候，他的反应是“这样太没玩头了吧”。

还有，根据 B 先生想象的游戏性，玩家可以任选路径拾取金币，于是有了“比比谁能更快收集完所有金币”的设想。A 先生脑中的路线就是一条单行道，最多也只能有上、下两条路线可选，因此 B 先生的建议让他觉得很不对劲。

另一方面，C 先生脑中的节奏就相差更远了。在他的脑海中，游戏节奏非常慢，以至于玩家有时间思索如何才能拿到位于高处的金币，按键时间越长跳得越高的想法也是由此而来的。在他设计的游戏中，玩家会为每一次跳跃的成败牵动神经，在一忧一喜中享受游戏的乐趣。

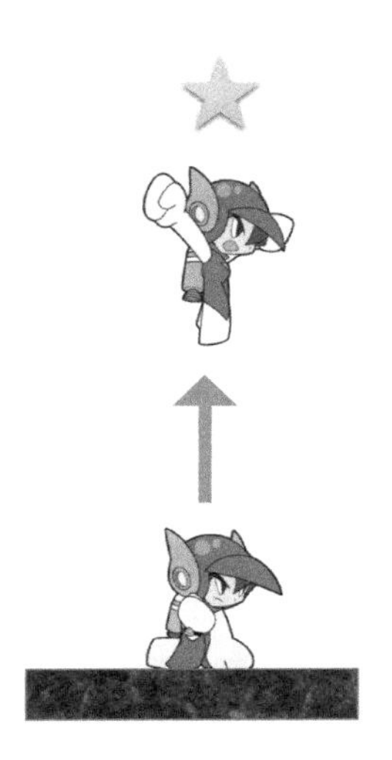

图5-3 C先生对跳跃动作的想象

然而就A先生的创意而言，这些内容加进去对节奏有百害而无一利。三人对强制卷轴的速度感各有理解。面对地面上接二连三出现的空洞，玩家要准确把握时机完成一连串跳跃，这种紧张刺激的快节奏才是A先生所追求的。他希望玩家将注意力集中到跳跃时机上，以一种玩《太鼓达人》等音乐游戏的感觉去享受按跳跃键的快感。

**《太鼓达人》**

2001年，NAMCO（现BANDAI NAMCO Entertainment），街机、PS2、Wii U、PSP任天堂3DS等

**▶ 在售**

这是一款音乐游戏。在游戏中，一连串代表"咚""咔"的标记会随着音乐节拍从右向左移动，玩家需要根据标记敲击太鼓的中心或边缘（太鼓的设置因平台而异）。家用机还配有太鼓造型的专用控制器。

图5-4 《太鼓达人》

相较之下，B 先生印象中的速度只有一半左右，并且地图更加复杂，所以他会说“那就只能做一些很简单的地图了”。

等听了 C 先生的见解之后，他印象中的卷轴速度又更慢了。他觉得墙壁等障碍物都是慢慢向左移动的，于是表示“那我之前说的最高效率路线问题也能加进去了”。举个例子，金币一旦被卷轴滚至屏幕外就再也拿不到了，所以玩家必须抓紧时间左右折返跳上悬崖，拿到大金币之后再赶快向右跳继续前进。

至于 C 先生，他想象的节奏原本就很慢，所以听到强制卷轴的创意之后，第一时间就想到墙壁等障碍物慢慢向左移动的速度感。于是他认为可以让玩家通过按键时长来控制跳跃高度。在听 A 先生讲述创意时，B 先生和 C 先生对节奏各有不同理解，结果三人脑中出现了三种不同的情景。

平心而论，在 B 先生和 C 先生自己的节奏中，他们提出的创意都有可取之处，都在想方设法让游戏更有趣。可见，向他人讲述创意时，最关键的就是“节奏”。有些时候我们的创意很有趣，却因为听者掌握错节奏而得出“无趣”的结论，向他人讲述创意时最冤枉的情况莫过于此。相反，如果节奏传达到位，就很可能赢来一个“有趣”的结论。

## 讲概念时带上节奏

前面讲了，向他人讲述创意时，重点不仅仅在于讲清创意内容或概念，更在于将玩游戏时的节奏准确传达给对方。

前面的例子中，创意以“跳跃”为主题，概念是“尽享跳跃的乐趣”，系统为“用右摇杆奔跑”和“按跳跃键跳跃”。仅有这些信息的话，不同的人会想象出不同节奏的游戏。A先生若想更加准确地表达自己的意图，需要在描述概念时加入一些形容节奏的语言，再说说这种节奏会给玩家带来何种感情。

比如“感受飞速越过一个又一个悬崖的惊险刺激”。这就要求听者提出的创意要么服务于“飞速”二字，要么能强化“惊险刺激”的感觉。“创意”这东西并不是有趣了就万事大吉。不管一个创意多么有趣，只要它不服务于概念，甚至与概念相抵触，那就必须被排除在外。

当对方提出的意见让你觉得莫名其妙时，不妨让他把自己脑中的情景“实况直播”给你听。所谓实况直播，就是让他比划一下玩游戏的节奏。如果他的节奏与你脑中的不同，说明你对概念节奏的形容不够充分，还需要修改。

## 讲给团队成员

创作游戏需要集合整个团队的力量，而团队是由各方面人才组成的群体，所以我们必须将核心创意的概念准确传达给团队的每一位成员，让每位成员都对创意所追求的节奏心里有数。

首先要做的是让成员知道即将开发的这款游戏如何有趣。此时我们需要的不是对游戏创意进行“说明”，而是通过语言、动作甚至

“唰”“啪”“滋滋”等拟声词，把游戏最终给人带来的乐趣以及玩家玩游戏时的心情“表演”出来。表情也是很重要的，要带着兴奋与喜悦。这一切都是为了把自己想象的动态情景复制到听者脑中。

其中最重要的是传达节奏。它的作用有二：一是激发成员们的工作热情，二是引导他们想出更多创意。成员听过创意之后满面笑容地争相讨论“这样如何？”“改成这样更有趣吧？”是我们最希望看到的结果。

准确共享了概念与节奏之后，成员往往能想出一些我们自己从未想到过的创意。还是那句话：“创意就是将现有元素以新的方式组合。”几个脑袋一起想总比一个脑袋能想到的“现有元素”更多，“组合”更富于变化。

但是，如果还没准确共享概念与节奏就急着开工，我们就会在很多方面遇到例子中那三个人的情况，闹不好整个项目都会夭折。

## 展示

在公司开发游戏产品时，首先要征得上司乃至整个运营层的认可，因此不可避免地要进行 presentation，即展示。受其他公司委托开发时也一样，我们需要向客户公司进行展示。即便是学生，课堂上也少不了展示的机会。这里我们讲一讲展示时都需要注意些什么。

首先要清楚展示的目的。公司只要是盈利性质的，肯定会关心你的产品创意是否能卖出去，是否能赚到钱。因此，展现创意在商业上的可能性往往是我们的目的之一。然而在此之前，我们先要关心它是否能吸引很多人，是否有趣。

因此，展示首先要让听众对你的创意感兴趣。然后还是老生常谈：必须将创意的节奏准确传达给听众。曾有大学和专科学校请我去听学生们的展示，内容姑且不论，我的一大感受便是人们做展示的方式实在千差万别。

我们来看看注意哪些问题能提升展示的效果。

## 展示的秘诀①：面向听众说话

有很多人做展示时喜欢盯着稿子不放。我曾看过这些人的稿子，上面把要说的内容一字一句写得很清楚，展示者只是在台上原样照着念。双眼紧盯着稿子意味着要一直低着头，这样声音也是向下的，听起来就像在独自小声嘀咕。在听众的角度看来，展示者显得非常没有自信，即便是好创意也会留下糟糕印象。

所以在做展示时，切记要面向听众，给听众一种对话的感觉。先纵览全体人员，再有心无心地去关注每一个人的脸。这样一来，听众会觉得你在与他对话，从而对你的话题产生一定兴趣。

如果你实在是紧张，没有勇气看着所有人做展示，那就粗略地在人群中扫一眼，找出其中表情比较善意或者略带笑容的人，假装自己在与他对话。但要注意，我们不能一直盯着那一个人去说，要保证放眼人群，仅在关键内容部分看看那个人，缓解内心的紧张情绪。

## 展示的秘诀②：幻灯片上只写要点

展示时我们经常会用到微软的PowerPoint，这款软件可以将文字、图片等做成幻灯片，让展示内容变得直观易懂。我们可以一条一条展示文字或图片来吸引听众的注意，用动画效果来强调项目之间的关联性，以不同的动画效果区分重点与非重点，给展示添加些趣味性。各位不妨在动画效果上多花些心思，让听众觉得你的展示很有趣，听不腻、看不烦。

比方说，玩家有三种需求是现今游戏无法满足的，而你想到了解决这一问题的创意。那么，要怎样做才能获得更好的展示效果呢？可以一边说“玩家有三种需求是现今游戏无法满足的”一边让“现今游戏无法满足的玩家三大需求”这句话在屏幕上淡入。

然后说：“第一是……”

随后屏幕上插入：

“1. ○○○○○○○○○○○○○○○○○○○○○”

讲完问题所在之后，接着说：“第二是……”

屏幕上继续插入：

“2. △△△△△△△△△△△△△△△△△△△△△”

再讲完这部分问题，说：“最后是……”

屏幕上插入：

“3. □□□□□□□□□□□□□□□□□□□□□”

等所有问题讲完，提出创意：“能满足这三大需求的就是……”

同时，前面3句话淡出，新创意带着由近及远的飞入特效“啪”地一声登场：

“◆◆◆◆◆◆◆◆◆◆◆◆◆◆◆◆◆◆◆◆◆◆◆◆”

这样一来，我们利用动画效果既带着观众一一确认了问题所在，又提高了他们对新创意的关注程度。

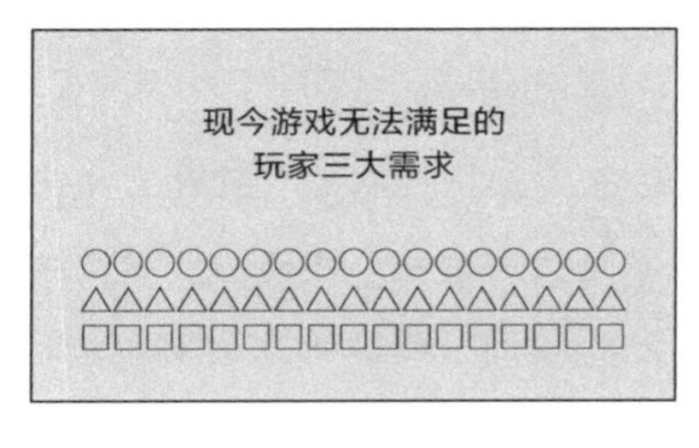

图5-5　幻灯片动画效果

用 PowerPoint 做展示时，总有人喜欢把全部内容都写到幻灯片里，然后在台上原样照着念。要知道，一般人的阅读速度要高于讲话速度，所以还没等你念完，听众早就把稿子看过一遍了，结果剩下大片时间等你念稿子。时间一长，人们也就没心情听你讲话了。

所以幻灯片上切记只写要点，说明部分由我们自己来讲。

## 展示的秘诀③：借助幻灯片传达节奏

节奏是游戏的关键，所以在讲述创意时，必须将创意的节奏感传达给听众。这种时候，PowerPoint 的动画效果等功能会帮上我们很大的忙。

比如可以利用动画效果让图片动起来，从而把我们脑中抽象的节奏形象化，或者把运动的过程分解成几张图，幻灯片每页贴一张，然后利用翻页的时机来表现节奏也不错。如果能在翻页时加上音效，或者自己口头配一些音效，节奏感会显得更加具体。幻灯片还有超链接视频的功能，如果各位懂得制作视频，完全可以把脑中的动态情景做成视频放给对方看。

## 展示的秘诀④：从最有趣的地方讲起

我们可以认为，听众的注意力只有前三分钟是放在我们身上的，所以要从游戏创意最核心、最舒服、最有趣的地方讲起。第一印象非常重要。

很多人喜欢先讲一大堆设定、世界观等，最后才提及游戏的内容。

这样一来，听众脑海中会一直抱有“这是一款什么样的游戏？”的疑问，在你讲到游戏内容之前，他们会先形成自己的想象。

还有些人喜欢一开场就先讲操作说明：“摇杆控制左右移动，A 键控制射击，B 键控制跳跃”，等等。展示不是使用说明，按钮的使用方法完全可以放到后面去讲。这种情况的问题和前面一样，听众会对“这是一款什么样的游戏？”展开自己的想象。

展示要从最有趣的概念部分说起，先讲这款游戏是玩什么的、游戏里会以什么节奏发生什么事、玩家会有什么感受，总之就是先把自己脑海中那个印象共享给听众。然后再讲实现概念的操作方法，这才便于听众一边想象玩游戏时的感觉，一边验证概念部分的节奏。

## 展示的秘诀⑤：带上肢体动作

站在众人面前讲话会紧张是人之常情，但要记住，任凭创意再有趣，一张紧绷的脸也可以让它变得无趣，所以展示时必须精神抖擞，而且要乐在其中。不管心里多么七上八下，脸上一定要笑得从容。展示的第一目标是勾起听众对创意的兴趣，因此要把展示本身做成一种娱乐。要是能恰到好处地加一两句幽默话引得众人会心一笑，那就再好不过了。

另外，表达游戏动作和节奏时不妨带上肢体语言，用整个身体来表述你要讲的内容。用 PowerPoint 进行讲解时，哪怕只是用手一指也能让众人注目。这不仅能缓解内心的紧张，更关键的是有助于勾起听众的兴趣。毕竟人是一种容易被运动物体吸引的生物，没有什么能比站着不动傻乎乎念稿更催眠了。

我一直很佩服石川祝男先生，所以在这里介绍一则他的轶事。石川先生是一位奇人，他从底层开发人员一路向上做到管理层，最后成为了 BANDAI NAMCO Entertainment 的董事长。在他年轻时，曾向上司提议过一个拿锤子敲鳄鱼的电玩城专用机项目，却由于“太像打地鼠”而未被采纳。于是他就用纸箱做了个台子，在上面开了5个洞，又找来5只棉拖鞋画上鳄鱼图案，由3个人在纸箱后面控制鳄鱼“探头”和“缩头”，让上司拿着锤子敲，最终上司表示“这个很有趣啊”，这才通过了策划案。

如果当年只有那一纸策划书，如今恐怕就不会有《敲鳄鱼》这款经久不衰的游戏商品了。

凡是能将自己脑中所想的节奏传达给听众的方法都是好方法，都可以拿来用。关键就在于找出最能传达节奏的方法来做展示。

**《敲鳄鱼》**

**1989年，NAMCO（现BANDAI NAMCO Entertainment），街机**

一款打地鼠类型的街机，洞里有5只鳄鱼不断“探头”“缩头”，玩家要做的就是用锤子敲它们。

图5-6 《敲鳄鱼》

## 小结

在第5章中，我们讲了向他人讲述创意时必须同时将节奏准确传达给对方。接下来第6章要讲一讲如何与团队成员一同将创意培养壮大。

专栏

## 让团队成员成为伙伴

前面我们说了，创作一款好游戏的秘诀之一是“让团队成员乐在其中”。这既是为了拉动团队的工作热情、提高士气，也是为了吸引团队成员主动参与到游戏创作中来。因为人会自然而然地去思考自己觉得有趣的事情。

这里最需要注意的是立场，不要认为策划层是订货方而开发团队是供应方。在订货方与供应方的关系下，供应方只会硬性完成订货需求，其余就是等待订货方提出意见。这种情况下，策划层的能力完全制约了最终成品的品质。除非策划层是世间罕有的“天才”，否则这种关系是非常糟糕的。

我经常对策划层的人说“让团队成员成为伙伴”。首先要把新游戏创意的有趣之处准确传递给成员，让他们也觉得有趣。然后大家一起来动脑筋补充创意、解决问题。

当然，面对大量涌现的不同意见时，必须做好判断。这个判断也可以大家一起来做。届时可以多定几个带有优先级的方案拿出来共享，比如先整理出第一方案进行尝试，如果行不通再执行第二方案。

成为伙伴之后，即便开发过程不够顺利，大家也能一同失望，一同烦恼，一同想办法解决问题。等到一切顺利解决，大家还能一同开心。

像这种整个团队合力创作出来的东西，其高度往往是单独一名策划者永远无法企及的。

这里还有一件事十分重要。与团队成员交流后，或是经过多番尝试后，如果项目需求发生了变化，那么必须把需求内容以书面形式重新整理并交给每一位团队成员。整理时建议添加备忘录，写清需求变更的原因与经过。这样可以在事后随时查阅，防止发生误解。要是在这点上偷了懒，往后会经常因“说了”“没说”的问题引发矛盾，以致威胁到整个项目。

# 培育创意

前面我们从“舒服的体验”出发找到了创意，总结了创意的“主题”“概念”“系统”三要素，整理了扩充核心的创意，确认了核心创意的核心地位，剩下就是大刀阔斧地开工创作游戏了（当然，在公司里还需要获得上层批准……）。到了创作游戏这一步，我们会需要更多细节方面的创意。

以动作游戏为例，“有什么样的敌人更有趣”“有什么样的陷阱或机关更好玩”等都是细节创意。这类创意最好能由整个项目的全体成员来一起思考，共同培育。

## 扩充创意

第 4 章验证核心创意的时候我们就思考了扩充核心的创意，但这里我们需要将其进一步具体化，落实到需求当中。不过，这些东西不用设计总监一个人来想，完全可以召集项目组全体成员来一同补充，一同具体化。补充创意时可以让程序员、美工等都积极地参与进来，参与者不一定非要来自策划层。要知道，有些东西只有在程序员、美工等位置的人才能想到，他们有着自己独到的视角，能够扩展创意的空间。在“让游戏更好玩”的工作上，不管什么职位什么工种，都一律是平等的。

团队成员聚在一起开会讨论创意时，最重要的是对**概念是什么**，即**这个游戏是玩什么的**达成共识，同时还要全员准确地掌握最合适的节奏。

这些东西如果不能在成员之间做到统一，那么成员对创意就会各有各的评判标准，结果就是大家的思路都在平行线上，讨论多久也得不到答案。所以最好将概念明文化，但凡开会就念上一遍，直到每位成员耳朵里都起了茧子为止。对于每个新提出的创意也都要立刻对照概念进行验证，看看它与概念是否相符。

即便你没有项目团队，而是一个人包揽了策划、编程、美工等所有工作，我也建议每个新创意都回归概念进行确认，从客观角度想一想："这是一款玩啥的游戏来着？""这个创意符合要求吗？"随后还要看看扩充的创意节奏如何，是否与最初想要的节奏搭调。

## 团队合作创作游戏时

我们在第 5 章中说到，向他人寻求扩充核心的创意时，必须要与他们共享概念和节奏，否则对方给出的意见会风马牛不相及。其实项目组成员一同思考细节创意时也是如此。

如果对概念的理解不同，对方提出的创意可能完全与我们脑中的概念相悖。然而这个创意对于提出者的概念而言很可能是个好点子。

创意没有绝对的好创意也没有绝对的烂创意，只有符合概念与不符合概念之分。概念不同的两个人在一起讨论时，他们各自的意见对自己而言都是正确的，所以永远都讨论不出结果。对节奏认识不同的时候也是一样。因此，首先要保证共享概念与节奏。

## 实例：PAC-MAN TILT

团队开发的过程中，即便我们共享了节奏，也常会在不知不觉中偏离了概念。我曾负责过的任天堂 3DS 游戏《吃豆人 & 大蜜蜂：多重维度》

（*PAC-MAN & Galaga DIMENSIONS*）就是个例子。

图6-1 《吃豆人&大蜜蜂：多重维度》

**《吃豆人&大蜜蜂：多重维度》**

**2011年，BANDAI NAMCO Entertainment，任天堂3DS**

**▶ 在售**

2010年《吃豆人》迎来30周年纪念，2011年《大蜜蜂》也迎来30周年纪念，于是两个系列共同推出了这款联动作品，里面收录了新旧6款游戏。

《吃豆人》

“吃豆人”系列的开山之作，是当今全世界销量最高的街机游戏，已纳入吉尼斯世界纪录。带有裸眼3D效果。

《大蜜蜂》

“大蜜蜂”系列的开山之作，同样具备了裸眼3D效果。

《吃豆人冠军版》

《吃豆人》经大幅重置后演变而成的动作游戏，给人的感觉焕然一新。玩家可以在游戏中连续吞食大量鬼魂。

《大蜜蜂军团》

以《大蜜蜂》为基础进行了大胆的重置，关卡为竞速型。

*PAC-MAN TILT*

专为本合集而创的全新动作游戏，玩家要通过倾斜3DS本体来闯关。

*Galaga 3D IMPACT*

驾驶舱视角的第一人称射击游戏，玩家要通过 3DS 的陀螺仪操作控制飞船。

收录《吃豆人 30 周年纪念 3D 动画(先行版)》。

这是一个主要面向北美地区发行的合集，但是在日本也有销售。除初代《吃豆人》和《大蜜蜂》以外，还加入了两系列的重制版和新作，总共收录了 6 款作品。其中《吃豆人》的新作是 *PAC-MAN TILT*。

这是一款横版卷轴动作游戏。游戏用到了 3DS 的倾斜传感器功能，当 3DS 本体发生倾斜时，整个游戏世界也会随着倾斜。玩家要控制吃豆人在这样一个世界中奔跑、滚动，闯过一个个关卡。

从团队成员手中接过策划案之初，这款游戏的内容更接近冒险游戏，倾斜 3DS 本体的作用大多是寻找隐藏开关、改变滑动平台路线之类。不过，通读整篇策划书之后，有一个部分激起了我很大的兴趣。该部分内容大致如图 6-2 所示，滑动平台位于悬崖边稍远处，其滑动路线从悬崖边经过，玩家要想登上平台，需要先倾斜 3DS 本体让平台滑过来。看到它的一瞬间我就觉得“这点子太新颖了”。

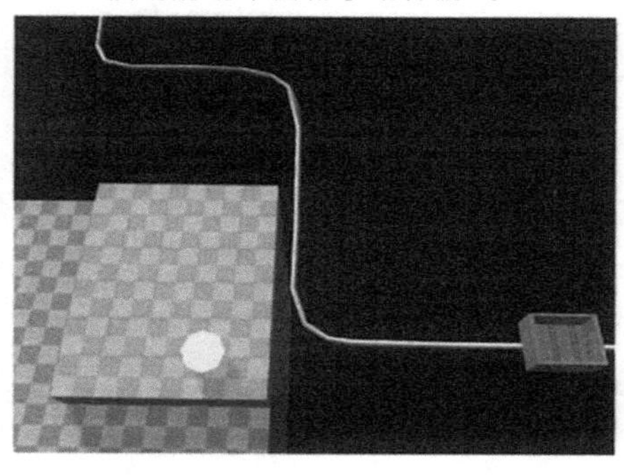


图6-2 策划书的部分内容

倾斜3DS本体让平台滑动到崖边之后再乘上去，这串操作换句话说就是：

**通过倾斜3DS本体来倾斜游戏世界，借助其影响攻克关卡。**

另外，当游戏世界倾斜时，重力方向最好与玩家所在的实际世界保持一致。把这个创意作为核心进行一番扩充，绝对能创作出一款新颖的动作游戏！怀揣着这份兴奋之情，我将概念定为：

**借助倾斜世界的影响来闯关的动作游戏。**

不过，当时的iPhone应用里不乏通过倾斜来操作的游戏，比如通过倾斜手机使球滚动，看准时机躲避陷阱。这些游戏的节奏都源于谨慎小心的操作，游戏性接近“电流急急棒”。我希望这款游戏能与它们有所差别，于是在与项目组成员商讨之后，将节奏定为：

**轻快、迅速、流畅、有韵律地前进的动作游戏。**

不久之后有了试玩版本，我们让球形的吃豆人在游戏中轻快地滚动，给整个动作游戏带来一种过山车般的刺激感，正符合了“轻快、迅速、流畅、有韵律地前进”这一节奏。

与此同时还有了新发现。如图6-3所示，这种地形用普通跳跃是到不了对岸的，但是如右图一般让世界倾斜之后，不仅对岸低了很多，峡谷也会相对变窄，玩家能很轻松跳过去。

我下意识感到这个发现能带来许多乐趣，只要循着这个方向多想几种通过倾斜来完成的机关，就能让游戏的动作更加丰富多彩。项目组成员看过之后也都心情大好，纷纷回去继续开发工作。

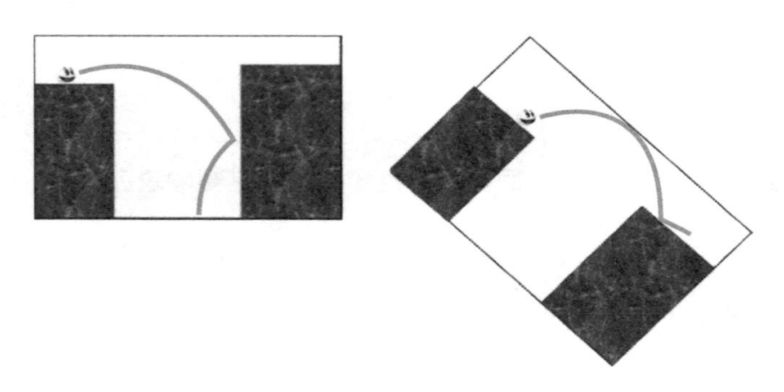

图6-3 原本过不去的悬崖，一倾斜就能过去了

## 概念发生变化时

几周后我回来检查项目进度，问起他们是不是更好玩了，程序员的回答却是："我们是设计了不少机关进去，但没有一个好使的，基本全都被否决了。"

全部否决可不是小问题，于是我询问都有哪些创意。首先是如图所示的"跷跷板地面"。这种地面在倾斜时会以支点为中心发生旋转，像左图那种因高低差而无法通过的地方，只要倾斜到右图的角度就变成一马平川了。

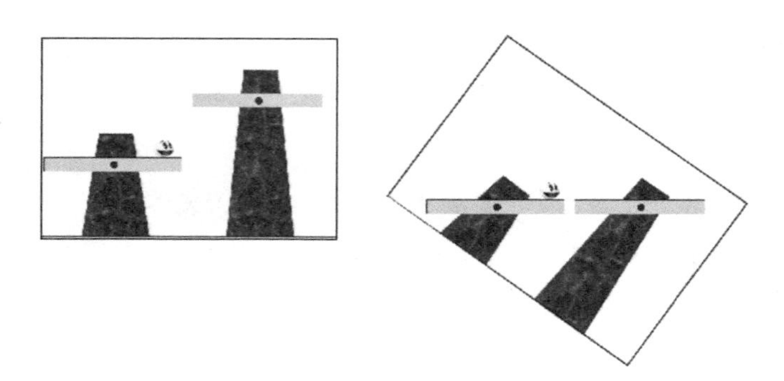

图6-4 倾斜后可以变平整的跷跷板地面

我很纳闷，这个创意非常有趣，为什么会被否决呢？结果一问才知道，由于吃豆人是球形，只要 3DS 本体稍微倾斜就会向前滚，因此它会在两个跷跷板地面拼合之前掉入悬崖，根本完不成创意中的动作。

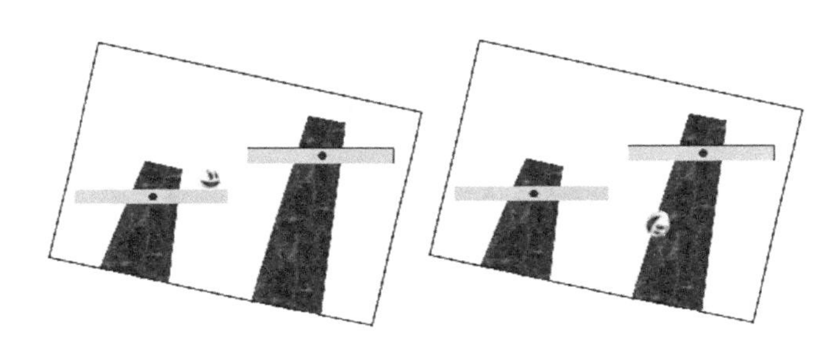

图6-5　实际是会先滚落悬崖，无法通过

还有一个创意是通过倾斜拉近火海上的小船，让吃豆人乘船过海。

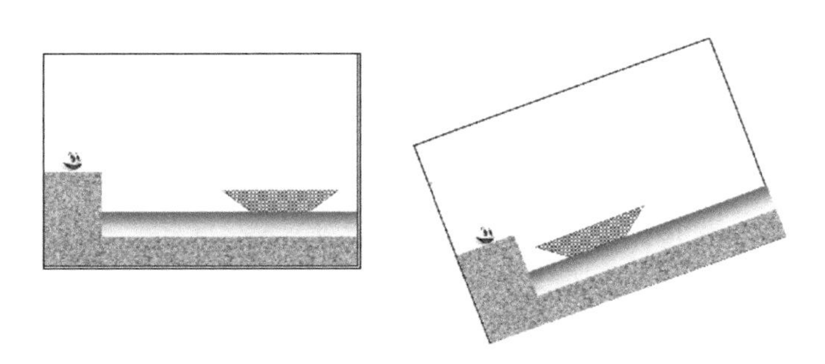

图6-6　通过倾斜拉近小船

这跟原计划书中滑动平台的创意如出一辙，为什么连这个都否决了？原来问题也出在球形的吃豆人身上。倾斜机体让船靠岸时吃豆人会往回滚，即便船成功靠了岸，我们反方向倾斜机体让吃豆人上船时，也会因为船先离岸导致吃豆人落入火海。

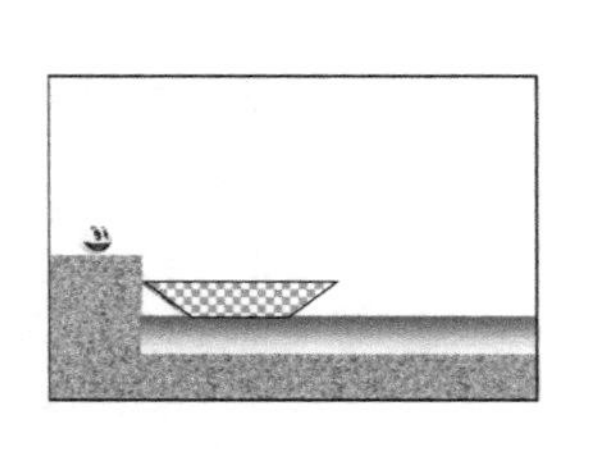

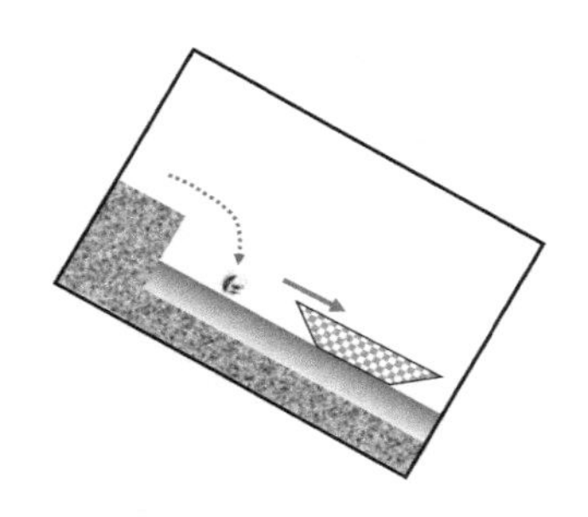

图6-7 实际是倾斜时船先离岸，吃豆人无法上船

我觉得情况不太对劲，于是决定召集项目组成员开个会聊一聊。会议上，成员表示为了实现眼前这些创意，他们正在想一些新创意来弥补问题。

其中一个是“抓地键”，即增设一个按键，玩家按住它可以抓住地面防止倾斜时滚动。实现到游戏中就是按住“抓地键”让吃豆人抓住地面，世界再怎么倾斜也不会滚动了。

然而这个创意让节奏变得很糟。因为通过跷跷板地面时，玩家要先让吃豆人抓住地面再倾斜 3DS 本体，等跷跷板放平后才能放开地面向前滚动，滚过去以后又要再抓住地面把世界摆正。船的创意也是一样，先向右倾斜滚到岸边，然后抓地向左倾斜移动小船，接着在保证船不离岸的前提下微微右倾放开地面让吃豆人滚上去，滚上船以后还要再抓住地面，这才可以大幅右倾让小船前进。

另一个创意是“吃豆人凹槽”，在所有机关前设置一个凹槽，吃豆人卡进去之后不管世界怎么倾斜都不会滚动，吃豆人在凹槽里只要一跳就能出来。这个创意的节奏比之前那个好一些，但最大的缺点是吃豆人只能在有凹槽的地方停下来，而且每逢机关都会出现凹槽，让玩家把游戏套路看得一清二楚，这就将“玩”变成了“机械劳作”。

不管选用哪一个，游戏节奏都会向我之前极力避免的“电流急急棒”靠近。在与成员交流的过程中，我渐渐感觉到游戏概念发生了变化，已经从“倾斜世界”变成了“滚动的吃豆人”。

于是我决定谈一谈“当初为什么觉得这个策划案可行”。当初是策划书中滑动平台的创意让大家眼前一亮，进而决定创作一款“借助倾斜世界的影响来闯关的动作游戏”，目标是做出一款“轻快、迅速、流畅、有韵律地前进的动作游戏”。

重新确认过游戏概念和节奏之后，我问他们“为什么吃豆人不能有脚”，有脚可以很自然地站稳脚跟，防止倾斜时翻滚。在原策划书的创意里，吃豆人就是有脚的，结果不知何时变成了现在的样子。他们表示“让吃豆人滚动起来以后游戏变得特别有趣，我们实在舍不得丢掉这个创意”。

当初看到滚动的吃豆人时，我也觉得“滚动”是个非常有趣的点子。只是听刚才那么一问，成员们以为我要放弃这个创意。然而这个创意很符合我们追求的节奏，而且足够有趣，我本人也希望能想办法保住它。

这时一名成员提出：“不能让两个创意并存吗？”他表示，“因为倾斜3DS本体可以把地面变成坡道，如果玩家在坡道上用十字键输入向前，我们就让吃豆人走着走着变成球向前滚”，这样一来两个创意就都能用了。这句话一出，其他成员马上有了更多衍生创意：“那之前否决的‘跷跷板地面’和‘船’也就都能用了”“而且还能干好多事”。就这样，开发进度越来越快，游戏转眼间便完成了。

最终，我们如愿获得了一款全新且有趣的“通过倾斜世界来玩的动作游戏”。

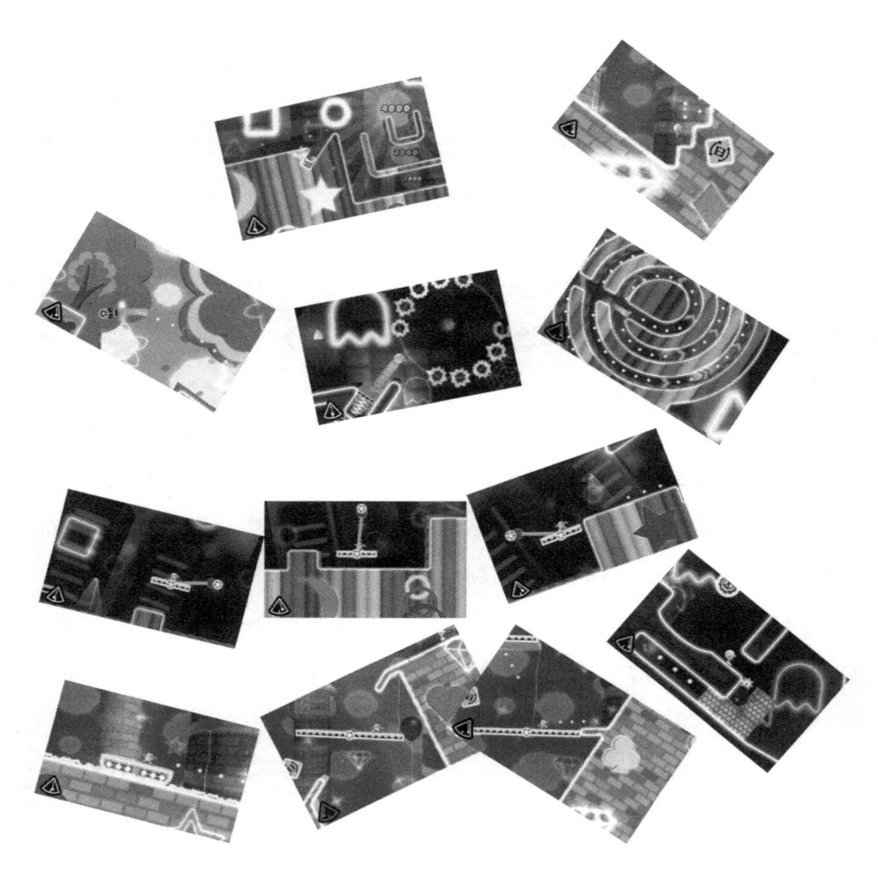

图6-8 一款通过倾斜游戏世界来玩的全新动作游戏诞生了

## 循着概念思考

现在我们回过头来看一看，成员脑中的概念是在何时发生了变化呢？最初我们以“倾斜世界”作为出发点，后来变成了“滚动的吃豆人”，最后大家都觉得做成如过山车般风驰电掣的动作游戏比较好玩。

至此都与我给团队成员共享的节奏（**轻快、迅速、流畅、有韵律地前**

**进的动作游戏**）一致。接着大家发现机关的创意行不通，于是想出“抓地键”来解决问题，最终由于节奏太差将其否决，否决的根据是“与追求的节奏不符”。前面这一连串看起来都没有什么问题，但仔细琢磨一下会发现，大家从创造了滚动的吃豆人起，就一直被它牵着鼻子走，由于这个创意实在太有趣，使得所有人都认为“让滚动的吃豆人成立”才是第一要务。如此一来，游戏的概念就发生了变化。要知道，我们的概念不是“滚动的吃豆人”，而是“借助倾斜世界的影响来闯关的动作游戏”。

可见，在我们扩充创意的时候，如果采用从A想到B，从B想到C，从C想到D的模式进行思考，会在不知不觉中发展出与A完全不同的东西。

A → B → C → D

图6-9　不知不觉中偏离了概念A

这里A是概念，所以在扩充创意时，要保持从A想到B，从A想到C，从A想到D的思考模式才行。反过来说，所有扩充出来的创意BCD都是为了让A成立而存在的。只有保证了这点，我们最终做出来的游戏才会是“玩A的游戏”。

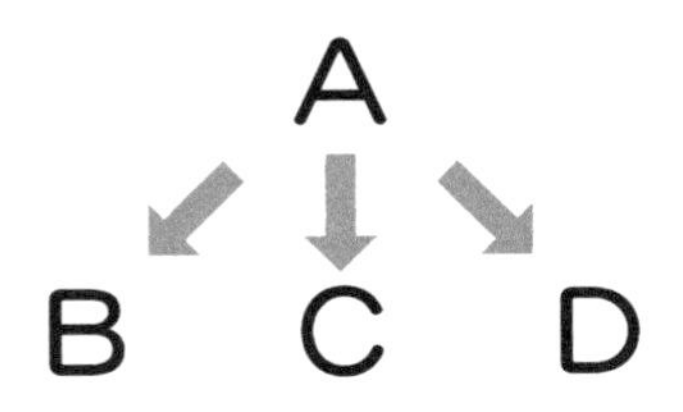


图6-10　所有创意都是为了让概念成立而存在的

在前面的例子中，“滚动的吃豆人”并不是A，它只能是让“借助倾斜世界的影响来闯关的动作游戏”成立的一个创意。

还要注意一点，我们的项目组成员自始至终并没有不负责任地瞎想，也没有偷懒怠工。恰恰相反，他们为了让游戏更有趣也在每天绞尽脑汁地思考创意。

从例子中各位应该看得很清楚，采用一个创意时务必要参考概念，否则即便与所有人共享了节奏，也很容易发生偏离概念的问题。

## 激发团队的潜力

前面我们讲了，开发游戏的过程中要将概念明文化并共享给整个团队，让大家循着概念思考创意，而且在采用创意时要依照“是否让概念更有趣了”的标准进行验证。这样可以让整个团队方向统一，最终能做出一款合理的游戏。

还是那句话：创意就是将现有元素以新的方式组合。我们将别人想到的元素输入自己的大脑，让各个元素如神经元一般连接起来，这样比自己琢磨更容易诞生出新组合。

更关键的是，这样想出的东西更让人觉得是整个团队一起想出来的。如今百人以上的大规模项目已不再稀奇，里面不乏只爱画画但不玩游戏的人、喜欢给游戏写代码却对游戏本身没兴趣的人。然而，我认为游戏成品好不好玩是所有开发人员共同的责任，所以一定要试着玩一玩成品。

玩起来觉得兴奋吗？

感觉好玩吗？

如果各个成员都不觉得有意思，最后肯定不是一款有趣的游戏，所以我们要调动所有成员的能力和智慧，做出一款内容紧凑核心明确的作品。

团队中的人形形色色、各有所长，如果我们能激发出每个职业、每个人的专长，最终做出的游戏必然比独自一人想出的游戏丰富许多。

为此，我们一定要保证全员的思路不偏离概念，让大家都积极地为让游戏更有趣出谋划策。

## 玩转创意头脑风暴

找到游戏的核心创意、对创意酝酿出的节奏心里有数后，我们还需要将创意扩充到产品级别才行。就算核心创意的内容量足以维持整款游戏的需求，单一内容也很容易让人腻烦，所以我们必须利用各种手段保证玩家玩不腻。

这种时候不仅需要策划层的设计师们加足马力，我们还得调动包括美工、程序员在内的所有团队成员，让大家一起来思考创意，增加与核心创意相关的可玩内容。创意就是将现有元素以新的方式组合，所以将不同人从不同视角想到的创意组合在一起最为重要。一个人能想到的东西毕竟有限，因此务必动员大家一起思考。

大家一起动脑最有效的途径就是头脑风暴，即就同一个主题隔三差五召开一个短会讨论创意。冗长的头脑风暴既没效率也没成果，所以每次会议最好控制在1小时以内。

我搞头脑风暴的时候习惯用便签和卡纸，人数太多和太少都会影响效果，5～6个人正合适。如果参加人数太多就分成两组，等讨论完后再互相展示成果。讨论范围要尽量缩小，主题越具体越好。像“想个有趣的机关”就太大了，换成“这是一款让玩家享受跳跃的游戏，所以咱们想个让跳跃更有趣的机关”更能让大家的想法产生交集。

主题确定之后，先给全员5分钟时间思考创意，将想到的东西具体写在便签上。5分钟一到，大家轮流发表自己的创意。发表时要按顺序一个一个来，负责发表的人站到前面将便签贴在卡纸（或者白板）上，然后讲讲创意的具体内容。

此时，如果自己的创意与正在发表的这位相同或相近，要立刻提出：

“我也是相同创意。”

或者

“我的创意也差不多。”

然后将便签紧挨着发表人的贴上。

头脑风暴中禁止提反对意见，即便发表人的创意与自己的相违，也不要站出来反驳。发表过程中要尽量去体会对方观点中有趣的部分，努力扩展大家的思维空间。特别是发现创意中的闪光点时，一定要积极地阐述意见，比如“这个创意的○○○部分不错”。就像水泵抽水前需要先加水，这一句话很可能引得大家的创意喷涌而出。

“这样一来，还能有△△△。”

听别人发表创意时，如果自己也想到了什么，完全可以再写一张便签贴上去。等到全员发表完毕再回过头来纵观便签上的创意，把其中较集中的或反应较好的拿出来进行分析。如果在分析过程中引出了下一个主题，可以再拿出 5 到 10 分钟来给全员思考创意，重复上述过程。

分析创意时，评判创意好坏的标准依旧是能否让概念，即“给玩家玩的内容”变得更有趣。在检验创意的同时还要做好分类，从全局出发，考虑游戏整体的平衡。

## 思考必要的创意

扩充创意时如果只单纯地说一句“大家想几个有意思的创意”而毫无方针，很可能出现某一部分创意大量扎堆，另一部分却寥寥无几、新意不足的情况。这种时候，创意扎堆的地方往往因为点子太多而消化不良，创意不足的地方则变成同一个点子的不断重复。

创意的不平衡会影响游戏节奏，进而削减玩家的游戏热情。玩家玩游戏一旦没了热情，就会边玩边寻找“放弃的契机”。此时玩家的心中没有热情，玩游戏自然无法集中精力，这使得游戏更加难以破关。最终玩家将用“无聊”一词将“放弃的理由”正当化，正式放弃游戏。

为防止这种情况发生，游戏各部分中创意的数量必须恰到好处。头脑风暴在这一点上是个非常有效的方法，它能够帮助我们纵观团队成员提出的所有创意，了解哪里创意充分，哪里创意不足。

以前我监督过一款名叫 *Pac-Pix* 的任天堂 DS 游戏。任天堂 DS 最大的特点是有两个屏幕，而且下屏可以通过触控笔直接在屏幕上操作。NAMCO 很早就研究过触控笔输入独有的创意，随着任天堂 DS 的问世，这些创意瞬间成了香饽饽。

***Pac-Pix***

**2005年，NAMCO（现BANDAI NAMCO Entertainment），任天堂DS**

**▶ 在售**

玩家要用触控笔在 DS 下屏画出各种图形，这些图形会被赋予生命，用来攻略一个个关卡。比如画出的吃豆人会嘴巴一张一合地向前走，玩家操控它吃掉所有鬼魂就算过关。此外还可以画箭矢和炸弹来闯关。

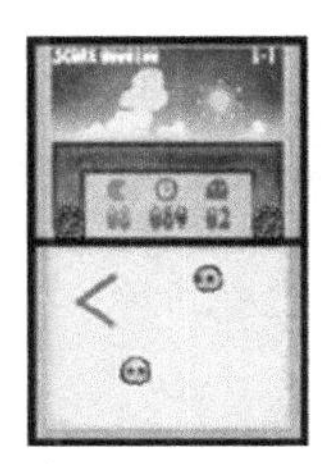

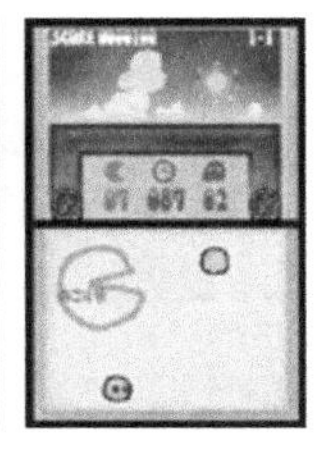



图6-11　画个“<”再画个“○”，吃豆人就会动起来

在这款游戏中，玩家用触控笔画出的吃豆人图案会被注入生命，嘴巴一张一合地在画面中移动。看到自己画的吃豆人动起来时，相信所有人都会又惊又喜。但是，单独一个吃豆人无法撑起整个产品的内容，于

是我们围绕概念“让玩家画的图案动起来对游戏世界产生影响”征集了创意，从中选出两个最有发散思维潜质的予以采用。

第一个是“箭矢”。玩家画出雨伞形状的箭矢图案后，该图案会“嗖”地一声飞到上屏。有了这个创意，我们就可以让玩家从下屏射击上屏的敌人或开关了。

这是一个瞄准、拉弓、射箭的节奏。

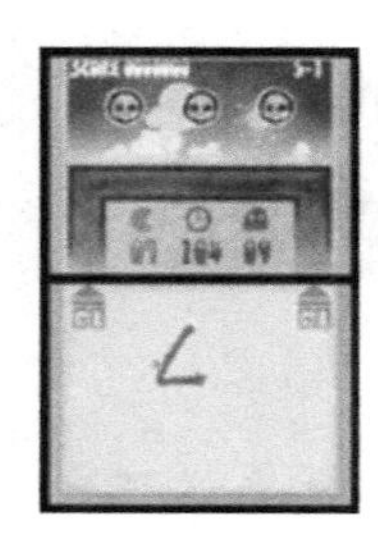
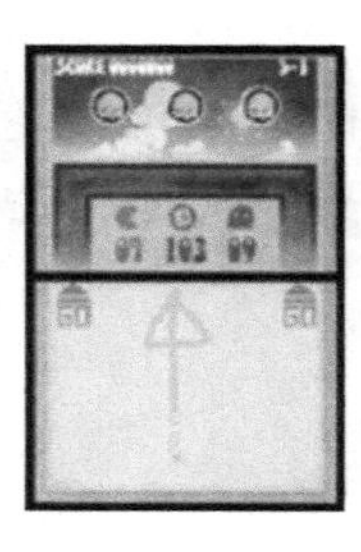
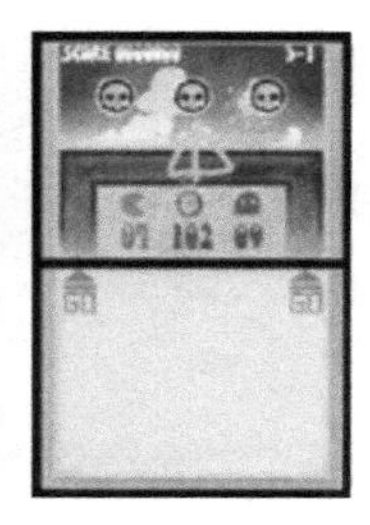

图6-12 画出的箭矢会飞到上屏

另一个是“炸弹”。画面内会事先准备火源，玩家在画面中先画一个○，然后从里面伸出一根线连到火源上。随后线会变成导火索引爆炸弹，炸碎○附近的墙壁等障碍。

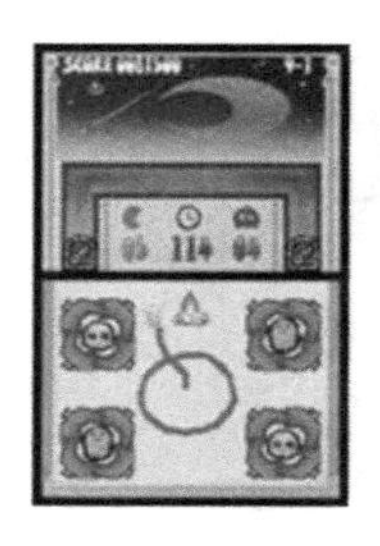

图6-13 画○之后连线到火源，○就会变成炸弹爆炸

我们设计画导火索时碰到敌人会被切断，于是玩家必须一边躲避敌人一边向火源引线，这就让游戏有了新的游戏性。这个创意的节奏是画○、

引线、导火索点燃后“嗤嗤嗤”地缩短、“砰”地一声爆炸。最后我们规定箭矢和炸弹都无法消灭敌人，所有敌人（鬼魂）必须由吃豆人吃掉才算过关。

即便是其他游戏中已经用烂了的元素，与这款游戏的概念一结合也会变得非常新颖。也就是说，不管是不是已有的创意，只要没以“画的图案会动”的方式玩过就 OK。

比如《塞尔达传说》中用过无数次的“射机关开门”，放到这里就是“画一根箭去射开关”，旧创意摇身一变成了崭新的体验。

在此条件下，我们动员所有成员为敌人和机关出谋划策，然后依据概念对大家提出的创意进行了取舍，接下来确定了游戏的整体结构。我们将游戏总共分为 12 大关，每大关又分为 5 小关，即总共 60 小关。玩家打通全部关卡后开启隐藏的 60 小关，整个游戏共有 120 个小关，所以我们需要足够创作 120 关的创意。

游戏的基本动作是以下 3 种。

**基本动作**

**1. 吃豆人吞食敌人**

**2. 发射画出的箭矢**

**3. 点火引爆炸弹**

考虑到一开始就加入所有元素会给玩家造成混乱，我们决定一步步增加玩家能做的事。于是 12 大关被分为 3 部分，1 ~ 4 大关只有“吃豆人吞食敌人”，5 ~ 8 大关加入“发射画出的箭矢”，9 ~ 12 大关允许玩家进行所有操作。

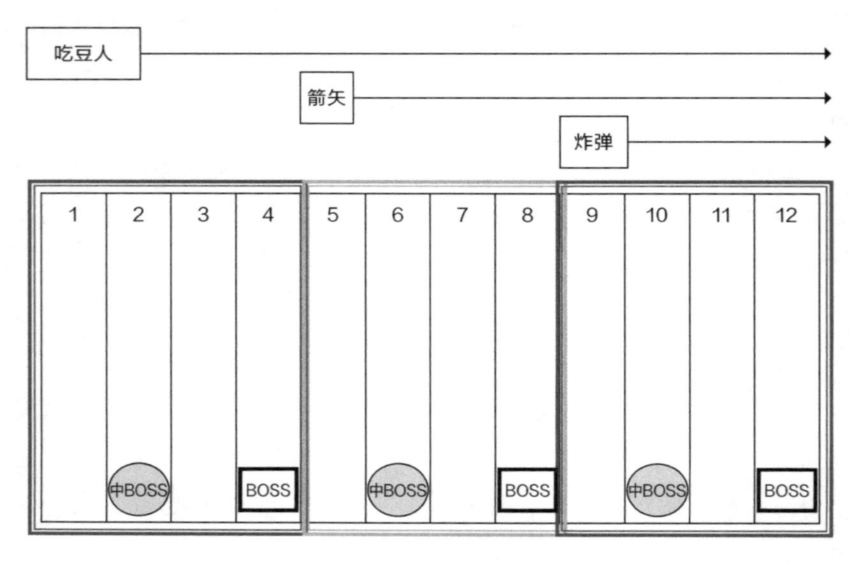


图6-14 *Pac-Pix*的头脑风暴

这又让大家涌现了不少创意。

“每部分的第 4 大关设置个 BOSS 战，让玩家打败 BOSS 以后就能解锁射箭和炸弹的能力如何？”

“那就让第 1 个 BOSS 用箭矢攻击，第 2 个 BOSS 用炸弹攻击吧。”

“但这样要打过 20 小关才能见到第 1 个 BOSS。我觉得该让玩家早点体验 BOSS 战。”

“在第 2 大关最后设置一个中 BOSS 如何？”

“但是第 2 大关玩家还没熟悉操作呢，中 BOSS 必须简单到是人都能打过去，而且要足够有趣。”

可以看出，游戏的整体结构渐渐清晰了起来。于是我让他们把关卡结构写到卡纸上，随后把卡纸往墙上一贴，又叫他们把 BOSS 和中 BOSS 的创意写在便签上，贴到各个关卡用作补充。

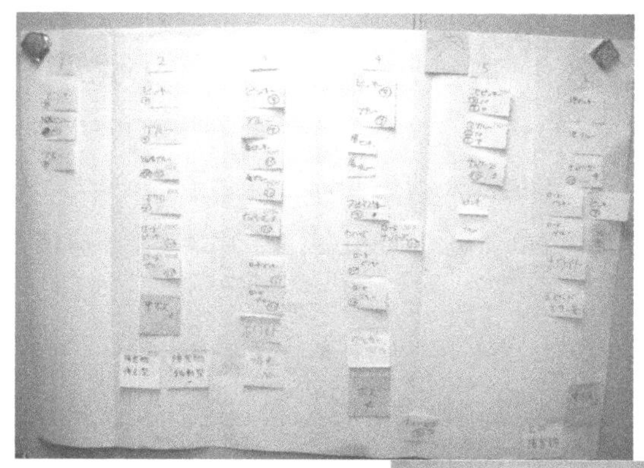

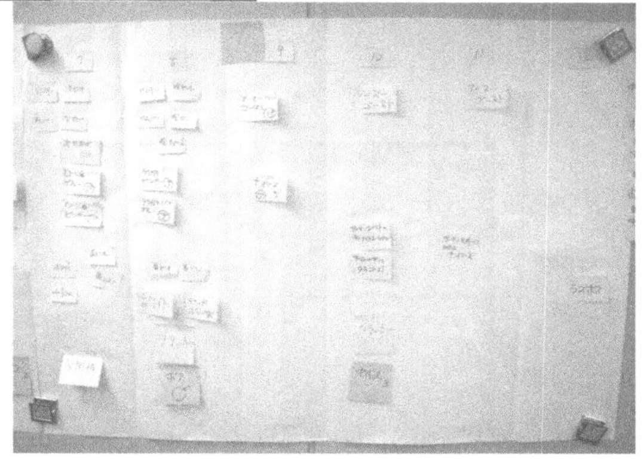

图6-15　用便签做头脑风暴

通过这种做法，各成员能清楚地看到创意被用在游戏的哪一部分，往后再思考创意时就有了限制条件。这样不仅能帮助成员把握游戏的整体结构，还能提高思考创意的速度与效率。毕竟好玩的创意再多，如果都是用在最后几小关的复杂创意，前半部分就会出现创意不足的情况。

而且在后半部分创意过多的情况下，玩家可能前半截还没玩明白，到了后半截突然就要面对一个又一个新敌人或新陷阱，从而产生抗拒心理，这就是我说的消化不良。加上限制条件再探讨创意的另一个好处，是能很快判断出创意合不合适，比如：

“这点子挺有意思，但是第 4 大关拿它当 BOSS 难度太高了吧。”

“这创意要同时用到箭矢和炸弹，没法拿来做第 8 大关的 BOSS 啊。”

我们来看看刚才提到的中 BOSS。游戏整个流程里，中 BOSS 要登场 3 次。第 1 个登场的中 BOSS 不能涉及箭矢与炸弹，必须保证玩家只画吃豆人就能过关，而且要满足“简单到是人都能打过去”以及“足够有趣”两个条件。

大家经过多番考虑，最后决定设计一个能几乎占满整个画面的大块头敌人，起名叫“大大罐”。玩家正常画出的吃豆人碰到它时会被弹开，根本吃不掉它。那么怎样才能打倒它呢？很简单，只要画一个嘴比大大罐还大的吃豆人就行了。

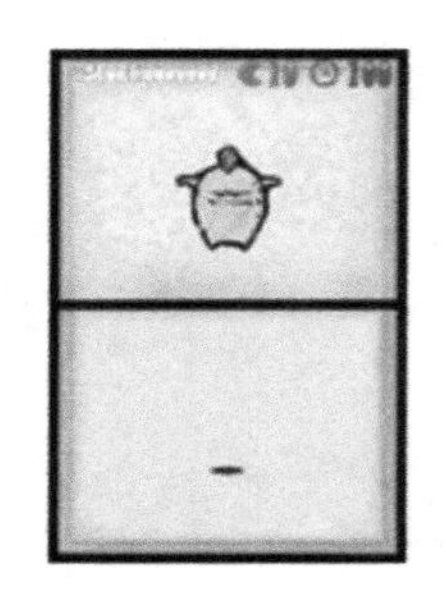
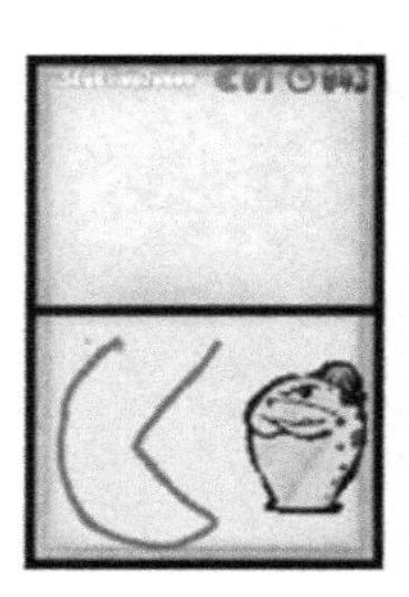
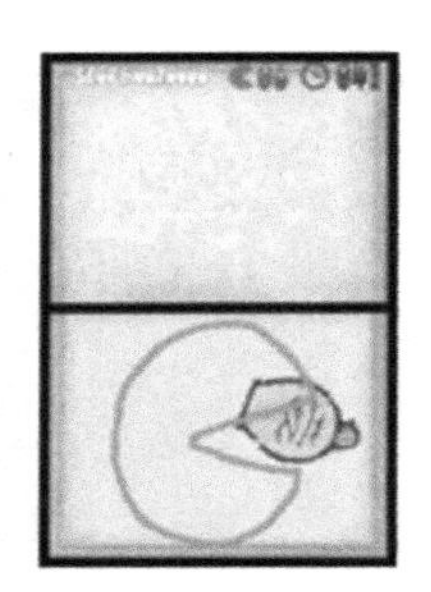

图6-16 超弱的中BOSS“大大罐”

这样既满足了“简单到是人都能打过去”的条件，又能让玩家享受到画吃豆人的乐趣，傻乎乎的 BOSS 还能逗得玩家开怀一笑。一个超弱的中 BOSS 就这样诞生了。

随后大家表示剩下的两个中 BOSS 也要用大大罐的形象来做，于是发展出了大大罐的复仇之旅。

大大罐第 2 次登场是在刚解锁“箭矢”不久，我们希望玩家能通过射箭轻松击败它，所以让它浑身裹着气泡吊在上屏。玩家只需用箭矢先刺破气泡再射爆气球，大大罐就会掉到下屏，再次成为大号吃豆人的口中餐。

这样一来，傻乎乎的中 BOSS 形象也得到了保持。

总而言之，游戏的整体结构都要按照这个步调来考虑。敌人或机关方面的创意也是一样，想到了就写在便签上，然后往卡纸上一贴。贴便签时要先纵观全局，根据各部分关卡的难度以及当时玩家技巧的熟练度选取位置，看各个创意在游戏的哪一部分登场最为合适。

还以 *Pac-Pix* 为例，需要用到“箭矢”的创意显然要放到第 5 大关以后，而且第 5 大关玩家刚刚获得“箭矢”，最好设置一些用于练习的机关。于是，简单机关的创意贴到第 5 大关内，难度较高的创意往后面挪。至于挪到哪一关，需要估计一下游戏进行到哪里让它出现最合适。这样一来，初次登场的敌人和机关就在各个关卡内有了自己的位置，构成大关的 5 小关哪里创意充足、哪里还缺少创意也都一目了然。

创意过多的地方会引起消化不良，这时可以把多余的创意分给后面一些。调整之后仍然创意不足的地方就需要注意一下了，看看欠缺包含哪些元素的创意。

假设第 9 大关创意不足。这是学会用“炸弹”后遇到的第 1 大关（5 小关），所以需要一些简单的敌人或机关，让玩家轻松享受操作炸弹的乐趣。

如果换成第 11 大关呢？到这里玩家已经熟悉了炸弹的操作，最好加入一些复杂的元素，比如与箭矢的配合、更短的时间限制、更烦人的敌人等。总之，在纵观全局的前提下讨论创意，可以保证游戏各部分创意的数量恰到好处。加上各部分创意所需的元素一目了然，使得思考创意的效率更高，更能体现头脑风暴的优势。实际上，我讲的这部分工作兼具了构筑各关卡整体印象的内容，已经踏入了整体调整的范畴。如果先确定各关卡的整体印象再搞头脑风暴，效率还会有进一步提升。

调整的相关内容会在第 13 章中更详细地说明，本章各位只需从项目组成员讨论创意的观点出发，关注“全员在共享游戏整体节奏的前提下进行头脑风暴”的部分即可。

## 如何采用创意

游戏中有很多只在特定场所出现的机关，比如动作游戏中“会动的地板”“不断开火的炮台”“？砖块”等。前面讲 *PAC-MAN TILT* 时提到的“跷跷板地面”和“火海上的小船”也是如此。BOSS 这种只在特定情况出现的敌人也可以算作一种机关。

考虑这类机关的创意时，首先要注意“它是否能让基本概念更有趣”。当年在《风之克罗诺亚》的开发过程中，曾有团队成员来找我商量 BOSS 战的问题。4-1 的 BOSS 名叫 Baladium，身上有 8 个眼睛状的弱点，玩家需要向屏幕内投掷被吹成气球的敌人来攻击它。

图6-17 Baladium的BOSS战

然而，光有这些内容显得太过平面，欠缺趣味性。《风之克罗诺亚》的副概念是“以 2D 游戏的操作感享受 3D 空间的探险”，所以大家希望这个场景更有 3D 感，但怎么做都达不到满意的效果。

这时我脑中突然浮现出克罗诺亚站在吊桥上的情景，吊桥正像秋千一样前后大幅晃动。

于是我说："把克罗诺亚脚下的路改成吊桥，然后像秋千一样晃起来如何？"

对方听完一脸意外，表示"诶？就这么简单？"不过，这个创意实际说出口时，直觉告诉我"它是个好创意"。于是我琢磨了一下"它到底好在哪"。

首先，人在秋千上大幅荡起的时候，视线一会儿在地面一会儿在空中，镜头角度是动态变化的。这一点可以增强3D感，与概念相符。

那它对游戏性有什么帮助呢？

"我懂了！秋千的晃动轨迹是弧线，弧线两端与中间的高度是不一样的！这样一来玩家就必须考虑在什么位置扔才能打中弱点了。"

而且这个BOSS还不能太难。玩过这款游戏的人应该知道，这个BOSS战的前后都有非常重要的剧情。如果玩家在这个BOSS上耽误太长时间，BOSS战之前的剧情就会在脑中淡化，导致与BOSS战后面剧情衔接时节奏跟不上，所以我不希望玩家在这个BOSS上卡太久。这个BOSS战的设计就这样定了下来。

采用创意关键看两点：一是与概念是否相符，二是注意游戏前后的流程，看如何才能不破坏游戏节奏。

## 小结

第6章讲了与团队成员扩充创意时要先共享概念，做到时常对照概念，根据节奏决定创意的取舍。

下一章我们讲讲创作游戏的第一步：创作"操作感"。

专 栏

## 展现策划层的价值

当今世上有不少以娱乐产品为生的公司，然而并不是每个公司都有策划人员。虽说我任职的 TECMO 和 NAMCO 都有策划这一职位，但很多公司在开发时都是程序员和美工之间商量着决定设计样式的。

也就是说，策划独自一人创作不出游戏，但没有策划照样能创作出游戏。

如果你任职的公司里有策划层，请尽量体现策划层的价值。让大家觉得多亏有了策划，项目进展得更顺利了，游戏更有趣了。

这需要相当的思想准备，因为项目不顺利都是策划的责任，项目顺利则是全体成员的功劳。图画得不如人意是策划的责任，因为你没准确表达出脑海中的印象。BGM 不搭调也是策划的责任，道理和前面一样。有时候 BUG 太多也是策划的责任，因为可能是你没整理好需求或者没传达清楚需求导致的。进度太慢也是策划的责任，因为你没适时地做出判断和指示，没尽早完成设计。

上面这些思想准备你都要有，然后再将全部精力投入到改善、解决问题中去。只有这样，策划层才能被团队成员认可和接受。如果你任职的公司没有策划层，那么肯定有人担当策划的角色，这个人也要做好上面提到的思想准备。要全身心地投入到游戏创作中去，努力在项目或设计中留下非自己莫属的功劳。

# 创造游戏节奏

# 确定操作感

前面我们找到了游戏的核心创意并以其为中心进行了扩充，掌握了游戏的整体印象以及所需元素，现在终于到了动手开工的时候，那么应该从哪里下手呢？

最先要做的是确定游戏主要内容的操作感。游戏主要内容是玩家在玩游戏时接触最多的东西，所以它的操作感最能酝酿出整个游戏的节奏。

## 确定节奏

游戏是拿来让玩家舒服的，所以“节奏是不是舒服”便成了游戏主要内容的操作感的评判基准。

先来看看《风之克罗诺亚》。这款游戏玩熟了以后，它的操作感应该是“奔跑、跳跃、抓住敌人、二段跳跃”无缝衔接，整套动作的节奏如行云流水。换成拟声词可以是这样：哒哒哒哒哒、咻、啪、砰、嗖、哒哒哒哒哒。各位能感受到这个节奏吗？说句题外话，我的团队成员经常对我说：“吉泽先生，你说明的时候特喜欢用拟声词。”要知道，节奏是游戏的关键，但这种东西很难用语言来说明，所以我喜欢说话时带上肢体语言和拟声词，力求让对方准确感受到我所说的节奏是什么样的，结果就养成了现在这个毛病。

游戏制作之初，克罗诺亚的跳跃动作包含屈膝蹬地的动作，然而试玩过程中我们发现，每次跳跃都会有一次卡顿，非常别扭。从按下跳跃键到角色实际起跳有二十分之一秒左右的延迟，这让操作感变得很差。

现实生活中，人类不可能从直立状态腾空而起，必须先弯曲膝盖，借助蹬地的反作用力起跳。但是游戏中按下跳跃键的行为就代表了跳跃的操作，角色必须在此时离地，不然玩家就会觉得别扭，于是屈膝蹬地的动作就被删去了。

另外，二段跳跃作为这款游戏的基石，同样经历了多次调整。把敌人吹成球抓起来举过头顶的节奏，空中按下跳跃键时将举过头顶的敌人放至脚下的节奏，以及保持跳跃的势头继续上升以免二段跳跃时出现动作停滞等，光是这些东西我们就改了无数遍。流畅舒服的二段跳跃是这款游戏的重中之重，因为它的操作感是游戏节奏的基调。

历经一遍又一遍的修改与调整，我们才成功重现了当初脑海中描绘的那个节奏。这部分节奏最终会成为整款游戏的节奏与结构的基础，所以它所带来的“舒服体验”必须追求尽善尽美。要是等开发到中后期再回过头来改造它，那就等于将前面所有开发内容推翻重做。游戏主要内容的操作感的重要性可见一斑。

以动作游戏为例，其主要内容的节奏决定了奔跑速度与跳跃高度。这些东西一旦定下来，一次跳跃能登上的高度以及能横向跨越的峡谷宽度也就定了。下一步就是以它们为基准创建游戏地图。所以如果开发中途改变角色的跳跃能力，意味着整张地图都要重新做。

另外，奔跑速度同时也是背景的卷轴速度，所以制作 3D 游戏时还需要考虑镜头的远近位置。近镜头能清晰表现出角色的一举一动，增加画面的迫力，但其有限的地图视野会降低游戏性。反过来远镜头能让玩家清楚掌握地图构造，但与此同时角色会相对变小，操作感难免显得憋屈。

与前面一样，这里改变操作节奏也会招致所有游戏内容回炉重造。所以我们要综合考量，直到能从画面中获得“操作起来很舒服”的印象之后，再拍板开工。

总之，操作的节奏到了开发中后期将很难进行变更，因此必须在这一阶段确保其能带来舒服体验。否则轻则整个项目推倒重做，重则被迫继续开发，最终将一款并不好玩的游戏摆到消费者面前。所以说，这部分一定要尽全力去做好，免得将来后悔莫及。

## 操作要尽量精简

游戏给玩家的操作越精简越好，因为要记的东西越少，人们上手就越快。世上也有操作非常复杂的游戏，有些甚至ABXYLRZ、十字键、摇杆统统用上。不可否认，驾驭复杂操作以及能自如地做出一系列复杂动作时的满足感也不失为一种乐趣。

然而，其中一部分游戏纯粹为增加操作而增加操作，给一些基本用不到的操作也专门设置一个键。我的建议是，在考虑操作的时候，不要轻易地增加按键。每加一个键都要经过深思熟虑，要保证有这个键能让游戏更有趣。人类能下意识操作的按钮一般不超过两个，再多就需要经过大脑的转换，无法下意识地来完成，所以要尽量摸索出能完成多种行为的两键操作模式。不过要注意一点，操作可以少，操作能做的事绝不能少。

《超级马里奥兄弟》就是用跳跃和加速两个键完成了游戏中多彩的动作。火球并非主要操作，再加上其临时性，所以与加速共用一个键。《风之克罗诺亚》仅通过射击和跳跃两个键就完成了捕捉敌人、投掷敌人、踢敌人二段跳跃等一系列动作。

至于一些令动作更加多彩的元素，则被分配到了敌人身上。比如抓住后会“咻”一声飞上天的敌人、过一定时间会爆炸的敌人等，主人公克罗诺亚通过使用它们来增加动作的种类。

图7-1 Jetimo被抓住后会快速上升，Pupy被抓住后会点火自爆

操作要精简，能做的事要丰富多样，这是铁则。所以在考虑操作时，要有意识地去追求尽量少的操作。

## 《智龙迷城》的操作感

依旧是那句话，游戏玩的就是节奏。所以一款有趣的游戏必然有它独到的节奏与舒服体验。说得极端一点，**寻找新的创意就是寻找新的节奏**。

GungHo Online Entertainment 的《智龙迷城》就拥有崭新的消消乐节奏。开始移动转珠前没有时间限制，玩家可以随意在大脑中模拟移动路线。一旦移动转珠便会进入倒计时，快速减少的时间给玩家带来紧张感。此外，限制时间之内玩家可以拉着一颗转珠随意移动，动得越快换得就越多。这些机制让《智龙迷城》获得了独特的节奏。

玩这款游戏时，我们往往脑海中已经模拟好了移动路线，计时开始后却会一着急忘了怎么走，或者换位结果与我们想象中不一样，最后落得出师未捷时限已到。这个限制时间调整得非常有水平，移动时只要稍有犹豫就会发现时间已经见底。此时玩家能明显感觉到自己败在了“犹豫”上，所以输也能输得心服口服。

开发者在接受访谈时也表示，《智龙迷城》的限制时间经过了无数次以帧为单位的调整，花费了他们大量精力。他还说，对于这款游戏而言，节奏的基准就在于转珠追随手指移动的反应与限制时间的绝妙配合，是它们创造了整个游戏的节奏。

## 反应是操作感的生命

提供舒服的节奏是游戏的使命，所以操作感对游戏来说最为重要。

那么，如何才能获得良好的操作感呢？答案是“反应”。游戏最大的特征是其互动性。所谓互动性，是指玩家能实时参与到游戏中去。看着自己参与的事件顺利完成，进而得到某种反应并从中感受到开心，这就是我们所说的“有趣”。所以在玩家进行某种行动时，我们需要让游戏对其作出反应，而且必须在玩家行动的瞬间完成反应。

前面《风之克罗诺亚》的例子中，我们讲了按跳跃键时出现短暂屈膝蹬地动作的问题，这个每次跳跃只有短短二十分之一秒的延迟就影响了游戏的舒服体验，因为它是一个六十分之一秒单位的反应。跳跃后的“落地”也是同样道理。人类在落地时，需要弯曲膝盖进行缓冲，吸收落地时的冲击力。但在游戏中，如果玩家为了前进一直向右推着摇杆，角色却要落地时做个缓冲动作再前进的话，玩家会觉得落地时被卡了一下，很不舒服。所以我们让角色在落地时判断是否有移动输入，如果有，则取消落地动作直接进入奔跑。

判断反应好坏的基准是什么呢？答案是“玩家当前的操作是想做什么”。

玩家当前的操作是想做什么呢？

重点就在于不能妨碍玩家做想做的事情。玩家想跳你却要屈膝，玩家想向右移动你却要做落地动作，这都是在妨碍玩家做想做的事情。

我们要做的就是将这些“妨碍”一个个摘除，力求让操作贴近玩家的心情。如果能借此让操作流畅且舒服地衔接起来，那就再好不过了。有了这种良好的反应，游戏才能叫作游戏。

在此之上各位可以不断地去尝试节奏，看看跑多快最舒服、跳多高最舒服、跳多快最舒服，摸索其中的最佳组合。

## 《炸弹人杰克》的操作感

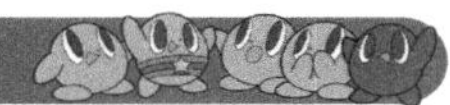

《炸弹人杰克》这个游戏正常按跳跃键大约能跳半个屏幕高，跳时按着十字键的上能跳得更高，按着下则跳得更低。另外，下落过程中按十字键的下可以加速下落。

**《炸弹人杰克》**

**1986年，TECMO（现KOEI TECMO Games），任天堂DS**

**▶ Wii、3DS、Wii U虚拟游戏平台在售**

这是一款动作游戏，玩家要用十字键、A键（跳跃）、B键（道具）在金字塔迷宫中探险。

游戏操作系统简洁却能完成丰富多样的行动，比如十字键与跳跃键组合可以调节跳跃高度，在空中连按跳跃键能够空中横向移动等。玩家可以按B键消耗路上收集的超能金币来打开一些平时打不开的宝箱，或者在一定时间内将敌人变成金币等。

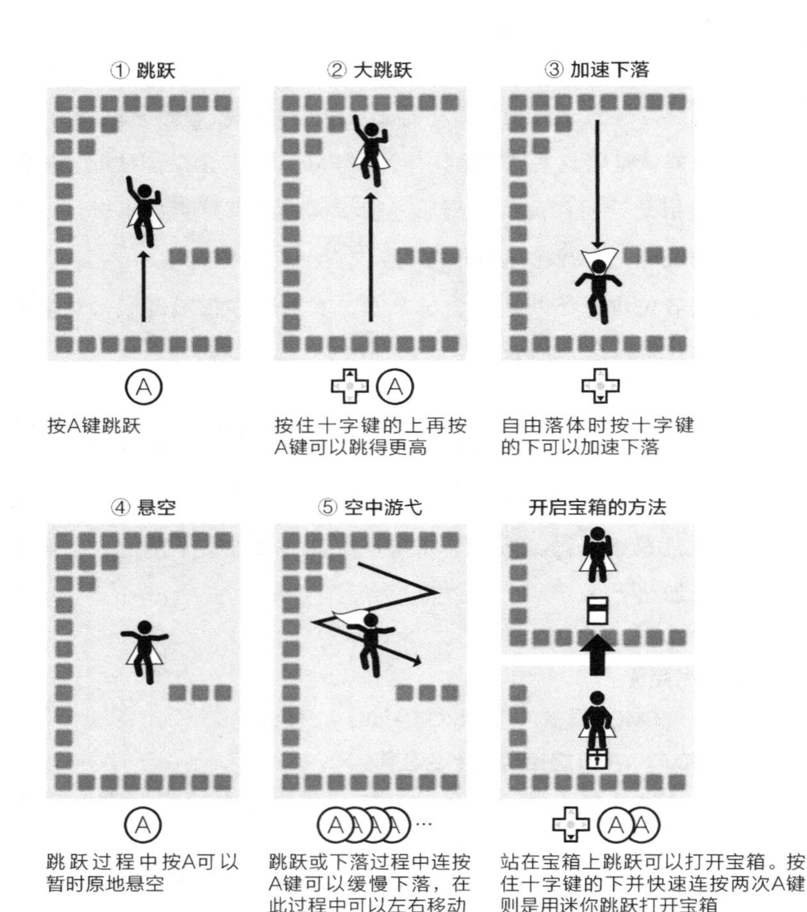


图7-2 《炸弹人杰克》的操作

这些操作全都采用了贴合玩家心情的机制。玩家想跳得更高时会不由自主地选择按十字键的上，想快点下落时则会去按下。于是游戏选用了顺应玩家心情的机制，让玩家能下意识地完成正确操作。

只有通过操作准确将玩家想做的事情反应到游戏中去，玩家在出现失误时才会在自己身上找问题。人类是一种很会偏袒自己的生物，出现失误时倾向于将问题归咎于外因，所以游戏必须剔除所有能让玩家推卸责任的元素才行。

如果玩家看到敌人的子弹飞来按了跳跃，却因为没能及时跳起而被判失败，此时玩家会是什么反应呢？必然是怨气冲天地埋怨游戏：“搞什么啊，我明明按了跳的！”要是按键瞬间跳起来却没能躲开呢？则是“我跳得晚了点儿，下次肯定能过”。

关键就在于失误的可接受程度。让人无法接受的失误会削减玩家的游戏热情，所以良好的操作性是一切的基础。关于失误的可接受程度，我会在第11章详细说明。

## 《LINE：迪士尼消消看》的操作感

《LINE：迪士尼消消看》也是一款重视操作感的游戏。虽然游戏的操作只是在智能机屏幕上滑动手指连接积木而已，其中却包含了许多优化操作感的设计。

首先，玩家用手指触摸某块积木时，与其相连的同种积木会用白色高亮显示。这样一来，玩家能轻松辨别哪些积木能够连线，并能以此推断最佳的连线方案。

随后，游戏会根据玩家手指的移动路线顺次连线相邻的积木。手指离开屏幕的瞬间，即将被消除的积木上会出现一个金币。积木消失的同时，金币会飞至金币计数区域。

上述操作感最大的亮点就在于其良好的反应。玩家手指触碰某个积木后，只要向有相邻同种积木的方向轻轻一划，游戏便会自动选取该方向上最近的积木顺次连线。《LINE：迪士尼消消看》比的是谁能在限制时间内消除更多积木、赚更多分，所以玩家操作起来会比较急，时常出现自己感觉线画得没问题，实际上并没有进入碰撞检测范围的情况。这种时候，无论是不是真的没碰到积木，玩家都不会接受这个结果。于是失误就成了游戏的责任，而不是玩家自身的问题。最终游戏会被贴上“不好玩”的标签束之高阁。

这款游戏中，玩家可以非常粗略地快速画线。只要手指划过的轨迹是以某个积木为起点且从其相邻同种积木附近经过，游戏就会优先对这些积木做碰撞检测，进而判定连线成功。正是这个优良的操作性酿造出了《LINE：迪士尼消消看》的节奏。

此外，炸弹的节奏也是这款游戏的重点。连线积木超过 7 个时会出现炸弹，点击炸弹可以将所有与炸弹相邻的积木一次性消除，随后上方积木哗啦啦地落下来。这个节奏与连线的节奏结合在一起共同形成了整款游戏的节奏。

## 小结

第 7 章中我们讲了操作感决定游戏整体的节奏，所以要在创作游戏之初就把它确定下来。第 8 章将对游戏非主要内容的节奏进行说明。

# 第8章 游戏附件的节奏

前面我们一直在讲游戏创意中的节奏，指出要以游戏核心创意的节奏为出发点来扩充创意，进而考虑游戏整体的节奏。可以肯定的是，节奏是游戏最重要的东西。然而游戏还有其他很多内容，这些内容全加在一起才能叫作游戏。

比如进入游戏之前的模式选择菜单画面、过关后或游戏结束后公布结果用的统计画面等。这些游戏主要内容之外的内容称为“游戏附件”。毫无疑问，这些内容也是为了让玩家进一步享受游戏主要内容而存在的，所以它们的节奏也不容轻视。

游戏附件也是游戏的一部分。其实玩家在进入游戏时最先看到的并不是游戏主要内容的第一关，而是游戏附件。从这种意义上讲，玩家能否把刚买到或刚下载好游戏时那份高昂的热情维持到游戏主要内容中去，很大程度上要看游戏附件的操作性和通俗性。

## 降低游戏热情的因素

先讲讲过去某款篮球游戏的故事。我本人对篮球并不是很感兴趣，不过为了有个参考就玩了玩。等我启动游戏，在标题画面按下开始键兴冲冲地准备开玩时，游戏弹出了菜单。我把光标移动到“对战 CPU”上想着先跟电脑打一场，结果确认之后又跳出了队伍选择画面。因为我对篮球队伍根本不了解，就以“排在上面的队伍一般比较正常”的标准选了最上面的队伍，给电脑选了第二支队伍。接下来又跳出了队员选择画面，让我从列表中选出首发阵容。对这方面一窍不通的我只好随便选了几个人，没想到点完确认又让我设置各个选手的能力值和位置。等到这一堆东西全设置完之后，我才终于玩上了游戏。

然而此时的我已经没什么玩游戏的心情了。加上该游戏主要内容的操作性也不怎么样，所以很快就选择了放弃。我当然明白，这一连串的设置对篮球迷而言很有吸引力，但问题是它出现在了游戏的干流，即主流程当中。

比较明智的做法是设计一个“自动设置”的选项，从而满足那些想立刻开始游戏的人。为球迷们预留的细节设置则应该另辟一条通道。可以看出，一款游戏放到人们手里时，如果最初的菜单流程没做好，很可能导致游戏节奏崩溃，进而削减人们的游戏热情。

## 先连通整个游戏流程

创作游戏应该最先创作哪部分呢？当然，我们需要先确认核心创意是否真的有趣，所以要从这个创意最有趣的部分开始。

前面说了，创作过程中要一遍又一遍不厌其烦地向团队成员说明概念，让他们了解游戏好玩在哪里、节奏是什么，直到他们耳朵起茧子为止。这句话并不是夸大其词，但实际上，这些东西任凭你讲多少遍，团队成员也做不到真正的心领神会。

这话说得可能有点唐突了，但据我的经验，只有团队成员把整个游戏流程玩过一遍之后，才能真正领会到创意概念的节奏。

等把整个游戏流程玩过一遍之后再重新读概念，很多人的反应都是“啊，原来是这个意思”。

很多时候，人们选择在游戏主要内容做得有模有样之后再去一股脑做游戏附件，最后把它们与主要内容拼合在一起。但这样不利于团队成员掌握游戏的整体节奏，成员很可能在没吃透整体节奏的情况下就开发了游戏的某一部分。闹不好到最后整合时才发现游戏节奏七零八落。

所以，游戏开始开发之后要尽早加入游戏附件来连通整个游戏流程，不能只顾着开发游戏主要内容。

下面我们来逐步讲解一般游戏的流程。

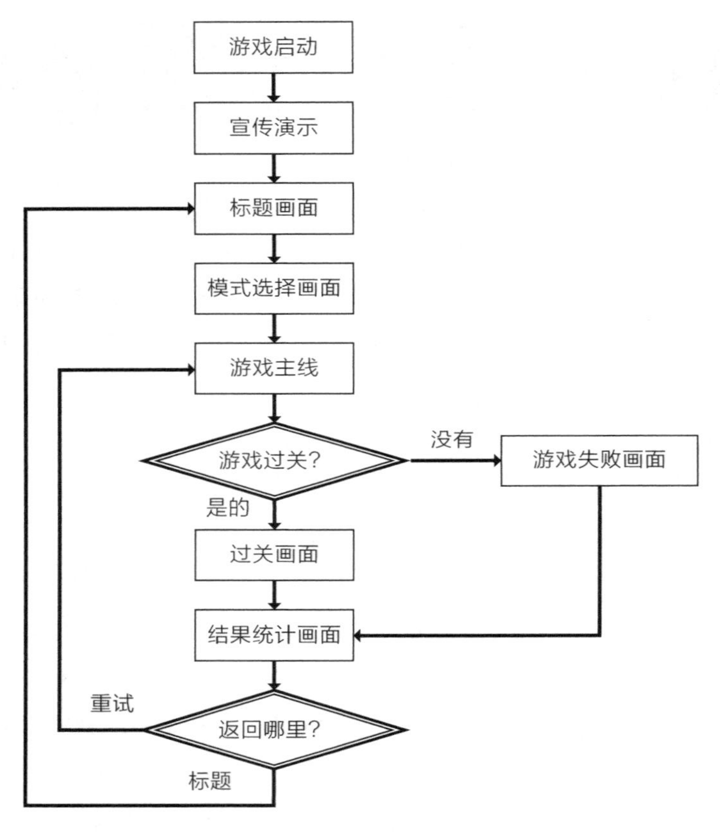


图8-1 一般游戏的流程

## 1. 宣传演示

这是游戏启动后最先出现的画面。

主要用来播放世界观CG或者试玩演示。常在游戏店铺门口循环播放用来做宣传。对于街机而言，还起到让玩家在投币之前了解游戏内容的作用。

有时并不需要这部分，可以省略。

开发初期由于游戏机制还未实现，这部分可以先以“CG”“试玩演示”等文字代替。

### 2.标题画面

这个一定要做，做个临时的也无所谓，有一张静态图就够了。最好再加上个临时的BGM，可以先用现成的音乐代替。要知道，标题的出现往往能叫人兴致大增，临时的同样有效果。标题画面要让人印象深刻，还要有趣。这种意义上讲，标题画面上至少要有一个临时的游戏名。《风之克罗诺亚3：梦绕的千年帝国》作标题画面就比《动作游戏（临时）》效果要好，不但试玩的人更有兴致，就连团队成员都更有热情与想象力了。这种小事往往也是能提高士气的。

### 3.模式选择画面

游戏存在多个模式时要准备这个画面，而且要做到可以选择。来不及做可以直接用文字替代。另外，这一阶段一般只有游戏主线可以试玩，其他选项可以做个淡出特效再回到这一页。总之不论形式如何，一定要保证能选择。

### 4.游戏主线

游戏主线先做最能让人体验到核心创意概念的部分。最能体现游戏乐趣的内容一定要不断出现。

### 5.过关画面/游戏失败画面

游戏过关时一定要加入过关画面，就算只是“过关！”几个字也无妨。游戏失败时也是同理，至少要显示“游戏失败”几个字。

### 6.结果统计画面

这是个统计结果的画面，要至少放一张静态图片来确保它的位置。接下来要有“重试”跳转到游戏主线，“标题”跳转到标题画面。

总之要把整个游戏流程做出来让人能重复试玩。接下来定一个期限，让团队在某一天之前做出整个流程。等到了那一天，召集包括策划、编程、美工、音效在内的所有成员来一场游戏大赛，让大家一起试玩游戏。各位不妨回忆一下上学时准备校级联欢会的情景。为某个大型活动做准备时，情绪会自然而然地高涨起来对吧？而且联欢会的日程是固定的，所有人都必须在那一天之前完成演出项目，所以干起活来也比平时更集中精力。

游戏开发也是同样道理。把一个目标（活动）摆在眼前，进度会自然而然地变好。所以搞一些此类活动是很重要的。而且试玩了从“游戏启动”到“宣传演示”“标题画面”“菜单画面”“游戏主要内容”“游戏过关画面”“游戏失败画面”“结果统计画面”最后再回到“游戏主要内容”的整个游戏流程之后，团队成员才能真正体会到这款游戏的节奏以及核心创意究竟是什么。

对节奏的切身体会能够统一所有人对游戏的印象，这样一来大家的语言才能互通，才能探讨扩充创意的话题。

## 时刻注意整体的节奏

团队成员通过试玩整个游戏流程能体会到游戏主线的节奏的好坏，同理，试玩整个流程也能感受出游戏附件的节奏衔接是否平衡。

“这个菜单的节奏跟后面游戏主要内容的节奏不太搭调啊。”

“结果统计跳出来的时间有点别扭。”

“过关的特效太平淡了，叫人提不起劲儿。”

“游戏失败的画面太长太烦人，节奏都拖慢了。”

像这样，至于各部分到底该怎么做，要由团队成员共同讨论来决定。

讨论过程中要时常注意游戏整体的节奏，看看各部分的节奏是否能做到平滑衔接。这一点对于独自开发的人而言也是一样的。创作一系列相互衔接的流程能有效帮助我们确认游戏整体的节奏。

## 载入时间的节奏

近年来的游戏容量越来越大，已经无法将全部代码及数据读入内存后再进行游戏，绝大部分游戏在开始之前都需要载入代码及数据。

然而这是开发商和硬件的问题，与玩家没有丝毫关系。载入时间的存在是受机制所限，是无法避免的事情，明白内情且好说话的顾客或许能表示理解，但对于没有专业知识的一般人而言，等待载入的时间也是游戏时间的一部分。

玩家本来抱着“耶，开玩咯！”的心情启动了游戏，你却让他对着黑屏上的“Now Loading……”傻等 5~10 秒，结果就是游戏节奏被打乱，玩家的玩心无以为继，热情大减。玩家将游戏买回家，把光盘或卡带插入游戏机后点击启动那一瞬间的游戏热情最为高涨。在玩家玩过一遍游戏，明白这款游戏好玩在哪里之前，这份满满的“游戏热情”能持续多久极大程度上决定了玩家对游戏的印象，所以在载入时间的节奏上一定要多花些心思。

老式游戏机采用的是卡带存储，加之当时游戏容量很小，所以接通电源后玩家可以立刻开始游戏。但现今的游戏大多使用光盘作载体，即便是卡带也需要先将一部分内容传至内部 RAM 再运行，所以开始游戏前都免不了要进行读取。为弥补这段空白时间，NAMCO 曾把往年的名作《大蜜蜂》拿到载入画面给玩家玩，接触过 NAMCO 早期 PlayStation 游戏的读者应该会对此有印象。总之，一定要在这方面多费点心。

这里同样要集合包括程序员、美工在内的全体成员的智慧，看看在这段等待时间内有没有什么能拿给玩家玩的，或者有没有什么方法能让游戏看起来仍在进行。

### 载入时的小游戏

### 《山脊赛车》

1994年，NAMCO（BANDAI NAMCO Entertainment），PlayStation

**▶ PS游戏仓库在售**

游戏启动的载入过程中，玩家可以玩预载入的简易版《大蜜蜂》。

### 《山脊赛车：革命》

1995年，NAMCO（BANDAI NAMCO Entertainment），PlayStation

**▶ PS游戏仓库在售**

游戏启动的载入过程中，玩家可以玩预载入的《大蜜蜂88》的挑战关卡。

《山脊赛车》

《山脊赛车：革命》

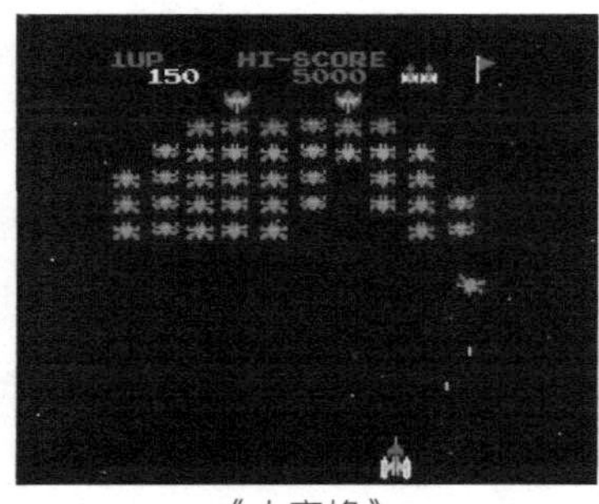


《大蜜蜂》

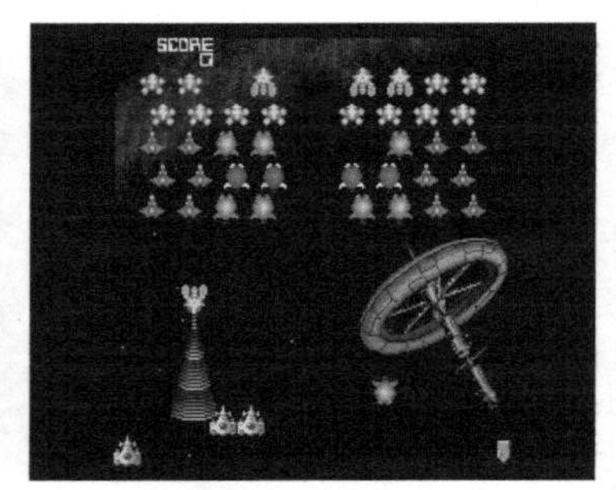


《大蜜蜂88》



图8-2 载入时可以玩的游戏

## 宣传演示的节奏

接下来是宣传演示的节奏。顾名思义，宣传演示就是放在店铺门口用于宣传的影片或试玩演示，所以它对于已购入游戏的顾客而言是没有任何用处的。不过，带着情怀购入游戏的顾客肯定会先看完宣传演示再进入游戏。为了回馈这部分顾客，也为了做宣传，我们一定要做好宣传演示来提升玩家对游戏的期待感，同时简明扼要地向玩家传递游戏的整体节奏。宣传演示的长度不应太长，否则会显得拖沓。10 到 15 秒为宜，最长不要超过 30 秒。电视广告的长度一般在 15 秒左右，人们看一两个广告是不会腻的。

另外，玩家第二、第三次玩游戏时基本不会再看宣传演示，所以它必须具备跳过机制。最好能事先设置按下开始键后不进入宣传演示直接跳转至下一场景。

## 标题画面的节奏

然后是标题画面。标题画面是游戏的脸面，同时也是游戏主要内容的导入部分，所以要叫人印象深刻。然而它本质上只是用来显示标题和版权（比如 ©2015 BANDAI NAMCO Entertainment）的，因此节奏太慢了也不合适。

而且到了第二、第三次玩游戏时，绝大部分人都不会想再看它了，所以最好能按下开始键立刻进入下一场景。不过，有些公司规定版权显示一定要达到某个时长，这个还是要最低限度去满足的。在满足要求的基础上，要做到让玩家能尽快进入下一场景。此时最要不得的是再次出现载入画面，所以务必要做好调整，保证游戏开始前不再载入任何内容。

## 模式选择画面的节奏

下一步是模式选择画面。有些游戏除了主要内容之外还有许多模式可以选择，比如“二人对战模式”“联机对战模式”“故事模式”“任务模式”“设置”“我的数据”等。

最理想的情况是在一个画面内显示所有可选的模式。毕竟“模式选择画面”的使命是让人一眼看出这款游戏都能玩什么，所以最好能一次全都显示出来。

各位可以看看下面这种情况。这是我在开发某款游戏时碰到的事。当时菜单的设计刚刚完成，说让我确认一下，结果画面中5种模式只显示了3种。大致设计如下图所示。

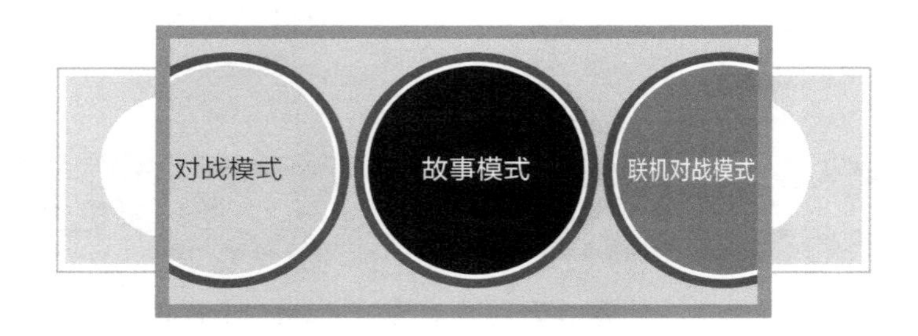


图8-3 必须按顺序转一圈才能掌握全部模式

向左右搬动摇杆会逐个显示模式名称，当前正中心的模式处于被选择状态，左右两侧都是循环的。这个模式选择画面从设计层面讲确实很有趣，但它有几个巨大的缺点。

首先，玩家如果想知道都有什么模式，必须先记住当前正中心的模式名，然后向左或向右依次移动选项，直到刚刚记下的模式名再次出现为止。也就是说，只有循环过一圈玩家才能知道所有模式，这很不方便。

另外，选择模式的时候也很麻烦。玩家不仅要一直左右移动选项直到想选的模式出现为止，还必须时常注意中央出现的模式是否为自己想要的。让玩家把时间和精力花费在这些东西上是很多余的。

所以，应该在一个画面中将所有可选模式都显示出来，保证玩家一览无余。

那就是说，所有信息都要装进一个画面才行吗？倒也不是。比如各位可以看看下面这个画面。

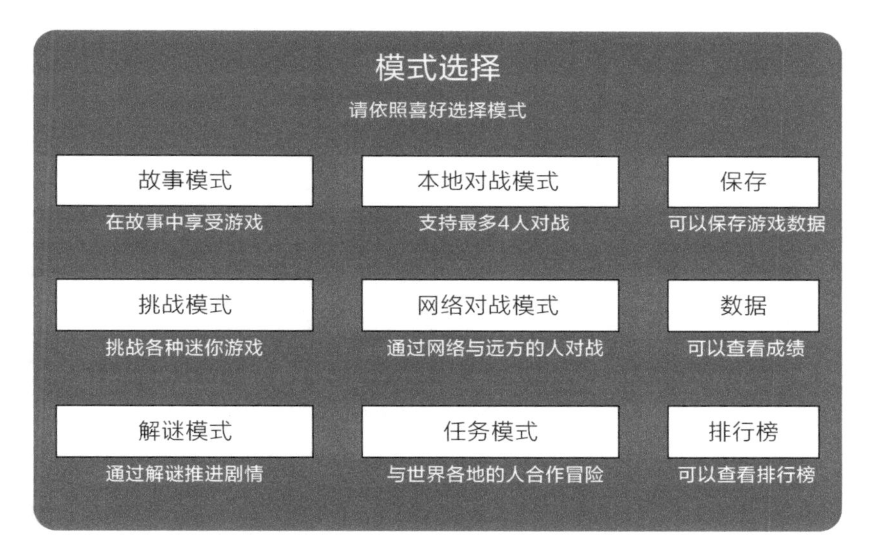


图8-4　模式选择画面示例

这样确实做到了所有元素一览无余，但让人很难分清哪个才是主要模式。而且这么多信息堆在一起，玩家不一句一句地仔细读根本不知道有什么，更何况它本身就乱糟糟的看不清。

对于此种情况，主要模式可以选用比其他模式大一些的图标并放在正中，或者让光标一开始就停留在主要模式上，从而使画面看上去明了一些。然而画面中元素和信息太多依旧是问题，这让玩家很难有心情去看。

菜单画面的使命是让玩家在最短时间内理解“这款游戏都准备了哪

些模式”“自己对这些模式有没有兴趣”“选哪个模式能做自己现在想做的事”。如果模式实在多得一个画面装不下，不妨按照游戏风格分类，分别设置入口。

比如按游戏人数分类，如下所示。

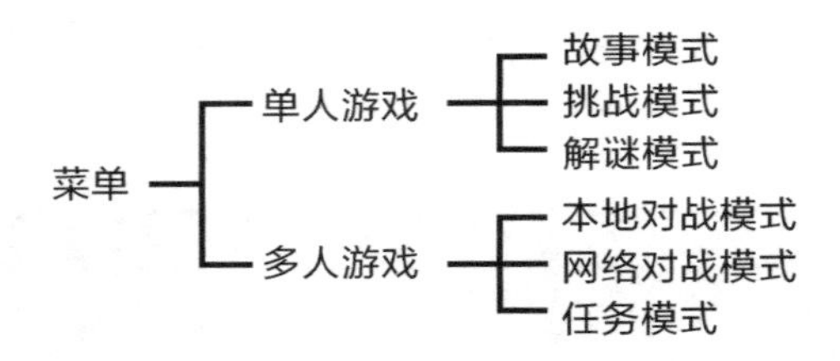


这样一来，玩家看到最初的画面就能明白“还有多人游戏的模式”，在选择之后出现的3种模式中，玩家可以立刻找到自己想玩的模式。

总而言之，我们要保证每一个买游戏的顾客都能顺利地、不绕弯路地找到自己所需的模式，不因为模式问题削减游戏热情。

另外，偶尔我们会见到一些让人不知道选中了哪一项的菜单画面。比如有个画面选中的显示为红色，未选中的显示为蓝色。有3个或更多选项时，人们能一眼看出红色是被选中项，然而只有2个选项时会怎么样呢？

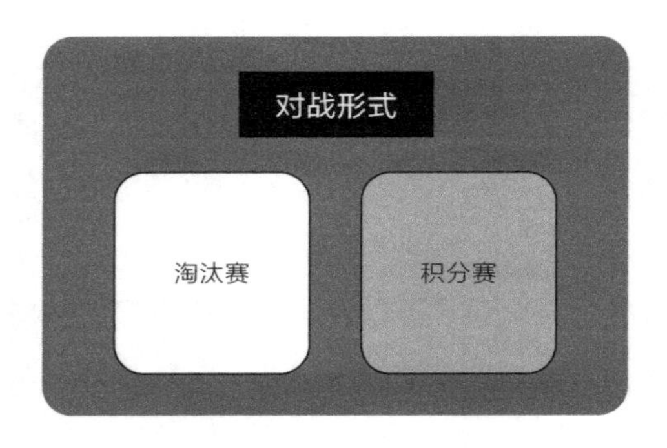


图8-5 只有2个选项时看不出选中了哪一项

这就看不出哪个是被选中项了。此时需要花些心思来突出被选中项，比如加入光标、高亮显示、动态显示等。要是能在画面下部加上被选中项的说明就更好了。再补上确定与返回的操作说明的话，能进一步防止玩家在选择画面时找不到北。

图8-6　突出被选中项

可见，为了让模式选择画面能维持玩家的游戏热情，我们需要在其功能性上多下功夫。当然也不能捡了功能丢了画面。要是一幅寒碜的画面给玩家留下了“无趣”的印象，那就得不偿失了。

总之重点在于平衡，其判断基准则是“节奏是否舒服”。模式选择画面也是游戏的一部分，所以“选择模式”的操作也要给玩家带来舒服体验才行。因此我们要给它找一个合适的节奏。

比如选择某个图标之后，将图标稍稍放大并加上黄色的闪光特效，随后所有图标向左右飞出屏幕，下一级菜单以放大插入形式进入画面。这里可以选用轻快的节奏，从而形成快步前行般的操作感。图标飞出屏幕的动画以及插入的动画也都要与游戏氛围相符。

还要注意一点，在模式选择画面勾起玩家的期待感是好事，但不能因为特效过多而耽误了时间。这一点上务必多加用心、多加留意。

## 菜单画面的操作性

游戏是一种要拿来玩很多遍的东西，所以每次进入游戏都不能给玩家造成压力。

例如新买来一个游戏，人们最先玩的肯定是游戏最大的卖点，也就是其主要内容的部分。这就要求菜单画面能让人一眼就看到游戏主要内容的入口，而且光标的默认位置就应该在游戏主要内容上。光标的默认位置代表了我们最希望玩家玩的模式，也就是在对玩家说："从这里开始玩最有趣。"

对于不是第一次玩游戏的情况，我们最好想些办法让选择更加便捷。比如记录上一次玩游戏所选的项目，等玩家再次来到这个画面时，光标直接放在上次所选的项目上。这样一来，对于先专注打故事模式，通关后一直打对战模式的玩家来说，进入菜单时会先选中最近正在玩的对战模式。这种细节要尽量照顾到。

总而言之，要根据各个阶段的情况尽量减少玩家的输入次数。玩游戏的时候，谁都有过中途改变主意按 B 键返回上一级菜单的情况。此时必须要记忆玩家上一级菜单所选的项，返回时让光标停留在该项上，这是菜单画面最最基本的要求。有时玩家会先看看某个模式中都有哪些内容，随后返回来再看下一个。记住了选项的话，玩家只需要将光标挪动一个位置即可查看下一个项目，操作显得很便捷。要是光标每次都回到最上面呢？项目越多，光标需要移动的次数也就越多，而且每次都要记住自己看到哪一项了。这些细微的压力会慢慢积累，最终削减玩家的游戏热情。

区区菜单也不容小觑，要时刻保持一颗服务玩家的心来不断改进自我。

## 游戏主要内容的节奏

现在终于到了游戏主要内容，这里要注意开头的节奏。玩家通过模式选择菜单一路轻快地找到了想玩的模式，接下来游戏该正式开始了。进入游戏的一瞬间，玩家心里必然是“耶，来吧！”的状态。为把这份热情进一步提升，我们需要加入一个“停顿”。放大角色轮廓造型的窗口来切换画面就是常用的手法之一。

《LINE：迪士尼消消看》就是用米奇的轮廓切换画面。接下来，游戏随着一句“READY？GO!”正式开始，积木从屏幕上方纷纷滚落下来。也就是说，我们给前面的节奏加个停顿，为游戏正式开始创造切入点。这就像运动会百米赛跑“预备，跑！”的口令一样，玩家从这里踏入游戏主要内容的节奏。游戏主要内容的问题我会在其他章详细说明，这里就不再赘述了。

## 过关画面的节奏

下面我们谈谈游戏过关后显示的过关画面。过关画面出现在玩家克服重重困难终于征服关卡的那一刻，所以对于玩家而言，它是出现在最开心时刻的画面。此时玩家正沉浸在成就感当中，我们必须抓住机会，将这份成就感捧到另一个高度。

基本上讲，这个画面的节奏要迎合玩家“噢耶！”的心情，必然会比较快，所以文字显示与BGM等要尽量痛快。持续时间控制在5秒左右，太短无法满足成就感，太长了又显得拖沓。最好能随着游戏主要内容的步调，在玩家“耶！赢啦！”开心了一阵，兴奋心情尚未消退之时结束。

另外，有些游戏在过关后会让玩家玩一些迷你游戏。《星之卡比》在过关后可以用关卡中收集到的金币玩弹球或老虎机等迷你游戏，从中获得 1UP 至 7UP 的奖励。这个是用迷你游戏代替了过关画面，它的节奏同样有着细致的考量，在不破坏游戏主要内容节奏的情况下过渡到迷你游戏，让玩家自然而然地玩起来。

总之，我们要找到一个适合过关画面的节奏，把玩家的成就感和激情延续到下一关。

## 游戏失败画面的节奏

下面说说游戏失败画面的节奏。游戏通关画面显示在玩家为成功而欣喜的时候，游戏失败画面正好相反，它显示在玩家为闯关失败沮丧的时候。所以这里的节奏需要迎合玩家的心境，从游戏主要内容的激昂情绪转为冷静，表现出“唉，好可惜”的感觉。

然而凡事不能做得太绝对，这里还需要给玩家留出重整旗鼓再度挑战的空间。因此虽然要冷静，却还要保证一定的激情，以免削减玩家的游戏热情。至于显示时长，建议留出 3 秒给玩家冷静，3 秒之后显示“重试”和“放弃”的菜单。

不过，一些不服输的玩家在游戏失败后喜欢一个劲儿地按键，恨不得马上重新挑战。这种时候就要立刻显示出选择画面，同时光标定位在“重试”上，让玩家可以立刻重新挑战，从而保持游戏热情。

如果这个画面时间过长或者无法中途跳过会怎样呢？玩家攻略主要游戏内容失败本来就很焦躁，结果每次失败都要看一遍冗长的游戏失败画面，这对玩家而言将是一遍又一遍的折磨，其游戏热情自然会逐渐衰退。在焦躁情绪变本加厉的状态下，即便玩家选择重新挑战游戏主要内容，也很可能无法发挥正常实力，形成恶性循环。

要记住，这个画面的作用是让玩家稍稍冷静，促使其为下一次挑战做好心理准备。

## 结果统计画面的节奏

接下来是结果统计画面。所谓结果统计画面，就是显示游戏结果的画面，它用来公布玩家玩游戏的结果，比如关卡得分、过关时间、剩余时间换算为额外分数奖励、获得的道具、“S”“A”“B”“C”过关评级等。

这里的节奏与游戏主要内容的节奏有所不同，要略微冷静一些，与模式选择画面的节奏基本持平。逐条显示结果的过程中，每一条显示时的节奏都要让人痛快。

不过要注意，结果统计画面既出现在游戏过关之后，也出现在游戏失败之后。也就是说，不管玩家是为过关而欣喜时还是为失败而不甘时，都会看到这个画面。

所以分数计算不能“啪啪”地贴上就完事，而是要迎合玩家过关时的心情。比方说过关分数为 325000 分，额外奖励 6 次，每次 10000 分，那么计算最后得分时应该先显示：

**得分 325000 pts**

然后在下方显示：

**奖励 10000 pts**

接着在奖励分上面覆盖一个“×6”，变成：

**奖励 60000 pts**

同时加个闪光特效，紧接着让奖励与得分重叠，二者加在一起变成：

**得分 385000 pts**

这样一来，得了多少分、加了多少分、总共多少分一目了然，而且计算过程看起来十分痛快。

玩过老虎机的人可能了解，当老虎机摇中大奖（比如 100 枚游戏币）的时候，并不是 100 枚游戏币一次性付清，而是“哗啦、哗啦、哗啦、哗啦”有间隔地一枚一枚掉出来。这样一来，周围的人就会注意到“啊，那个人中大奖了”，玩家也能沉浸在中奖的喜悦与受人羡慕的优越感之中。

游戏的奖励得分计算没有老虎机中大奖那么值得炫耀，所以可以更简洁更快。但二者的本质目标是相同的，都是要哄得玩家开心。

但要注意，这种显示方式如果用在游戏失败时，会让玩家原本就懊悔焦躁的心情雪上加霜。我们的目的是尽量贴近玩家的心境，所以必须摘除所有让玩家焦躁的元素。

这里可以设置跳过功能，在玩家按键之后直接显示总分。逐条显示结果最好也能按键跳过，比如每按一次键直接显示到行尾。总之要让玩家能尽早地进入下一个画面。

也就是说，要做到玩家连按按键时能迅速显示完结果，出现重试的选项。“连按”这一行为代表玩家想快点进入下一个画面，我们必须回应玩家的需求，尽量加快节奏进入下一步。

总之，这里最重要的是把玩家的心境保持到下一画面。以《风之克罗诺亚》为例，玩家通过关卡后，游戏画面显示类似“2-3 过关”的字样，紧接着文字淡出，村民的演出淡入。过关显示结束后显示世界地图，刚刚通过的关卡处出现村民造型的角色，角色数量与玩家救出的村民数量相等（村民被裹在气泡里漂在半空，玩家用射击可以打破气泡救出村民），同时背景演奏一个特殊的曲子。这个演奏会随着关卡的推进逐渐加长，彻底通关时将成为一个完整的曲子。另外，乐器的种类也与救出的村民数成正比。

图8-7 《风之克罗诺亚》过关画面

制作这个画面的效果时，我们尽量减少了图形数据，使其保持很小的容量，能时常放在内存(即常驻内存)里，以便随时调用显示。因此，游戏可以在显示这个画面的同时后台读取下一关卡的数据。如此一来，趁玩家欣喜于得救的村民越来越多、曲子越来越完整的这段时间，游戏已经准备好了下一关卡，从而让玩家能无缝地继续向下挑战。而且这种设计让曲子的结尾部分有了重要的意义。

## 重试的节奏

最后讲讲重试的节奏。所谓重试，就是游戏失败以后让玩家重新挑战的机制。玩家在选择重试的时候，脑中想的是刚刚失败的原因以及对策，必然地希望尽快开始重新挑战。所以这里的反应一定要好，不能让玩家因为菜单反应差而积累压力。

以《钻地小子》为例。玩这款游戏的时候，玩家经常因为大意被砖块压死。为了方便玩家失误后能立刻重试，游戏对菜单做了调整。玩家意外失误的时候会想“我的实力可没这么差，这次只是粗心大意了，再来一遍肯定没问题”。这种时候，他们通常会放弃本次游戏。

为此，游戏设计按开始键暂停并呼出菜单，此时光标就停留在“重试”的正上方，玩家只需要按一次十字键的下即可选中“重试”。而且在选择重试之后没有任何淡入淡出之类的花哨特效，而是立刻回到游戏起点，玩家可以重新开始游戏。

这样一来，玩家在对自己的失误不满意时能够果断放弃当前这轮游戏，瞬间回到起点。这都是为了让玩家一直重试到自己满意为止。玩家都如此主动地玩游戏了，我们当然不能在游戏中留下阻碍玩家脚步、破坏游戏节奏的元素。

## 游戏整体的节奏

游戏玩的就是节奏，不同的游戏必然有着不同的节奏。因此，每个游戏都有着其独特的节奏。把它类比成音乐就好懂了，音乐也有开头、高潮、结局，三者流畅地连成一线为听众创造出舒服体验。游戏也是同样道理。

各位手中的游戏节奏衔接得舒服吗？操作的节奏、模式切换的节奏、游戏流程的节奏、游戏附件的节奏、开片或幕间影片的节奏等，创作统一的节奏并不难，但你的这些节奏能像音乐一样衔接得舒服吗？不存在不协调音吗？这都是要多加注意的。

前面几部分看过来不难发现，在整个游戏中，节奏变化的地方都有特殊的意义。

模式选择时为了不阻碍玩家想尽早开始游戏的心情，我们选用了轻快的节奏。进入游戏时为了迎合玩家“耶，开始喽！”的心情，我们让节奏稍作停顿。游戏过关时，我们继承游戏主要内容的节奏，将玩家的喜悦推至最高点。反过来，游戏失败时，我们选择冷静的节奏，让玩家重整旗鼓再度挑战。结果统计画面也继承了前面的节奏，意在称赞玩家在游戏主要内容中获得的成果。在结果不如人意的时候，玩家可以连按按键跳过统计尽快进入下一画面。为了方便玩家尽快重新挑战，重试跳过一切过渡，直接衔接游戏主要内容的节奏。

这些节奏一旦衔接不起来，玩家玩游戏时肯定会感觉不流畅。每次不流畅都会给玩家积累压力，慢慢地影响玩家的心境，削减游戏热情。任凭游戏主要内容多么有趣，如果玩家在进入游戏主要内容或重新挑战之前先没了游戏热情，那游戏的印象将大打折扣。热情这种东西，一旦消退就很难再提起来。因为此时玩家虽然还在玩游戏，内心却已经开始寻找放弃游戏的契机了。

反之，如果在进入游戏主要内容之前能把玩家的游戏热情推到另一个高度，那么主要内容就算有些许不平衡之处，玩家也会睁一只眼闭一只眼，有些时候甚至是情人眼里出西施，把缺点统统看成优点。

## 小结

第 8 章中我们讲了游戏附件的节奏，表示节奏要贴近玩家的心境，极力避免削减游戏热情的因素。第 9 章将会讲一讲如何将玩家诱导至概念所描述的游戏情景中来。

## 专　栏

### 训练准确数10秒的能力

现在各位请闭上眼数 10 秒。

“1, 2, 3, 4, 5, 6, 7, 8, 9, 10”

数到 10 秒睁开眼看看表，检查一下数得是否准确。如何？是太快了还是太慢了？还是说正好 10 秒呢？

游戏玩的就是节奏，所以游戏中触发的事件、运动的物体、各种时机的时间都非常重要。因此，对需求中所写的、数据中输入的时间有一个准确的印象，是向他人传达脑中节奏的必要条件。我建议各位多练习、多体会“1 秒的长度”。“一……二……”1 秒其实意外地长。

如果能掌握 1 帧（六十分之一秒）、30 帧（二分之一秒）等感觉就更好了。在我的印象中，1 帧就是快速眨一次眼睛的时间。

# 诱导玩家贴近概念

上一章中，我们费尽心思调整游戏附件的节奏，终于将玩家的游戏热情保持到了游戏主要内容部分。接下来就是游戏的正式内容了。毕竟前面铺垫得再热闹，游戏主要内容没意思的话还是白瞎，只能让玩家大失所望。

我们说过，游戏创意最重要的是“核心创意的概念”，即让玩家玩什么。其他所有创意都必须为这个概念服务，要让这个概念更有趣。只有保证了上述几点，这款游戏才能真正让玩家玩到概念中所描述的东西。

只要所有创意都以概念为中心，那么玩家越是选取符合概念的行动越能获得乐趣，游戏进行得也越顺利，也越能获得刺激或兴奋的体验。此时游戏的节奏也应该与我们当初所想的一致。

以《超级马里奥兄弟》为例。它的概念是“体验跳跃的乐趣”，所以关卡中处处都是促使玩家跳跃的设计，关卡要通过跳跃来闯，跳得越好就闯得越顺利。同时，玩家越是跳跃就越能获得刺激，进而创造出这款游戏独有的节奏，随着节奏顺利过关便能体会这款游戏的乐趣。

反过来说，如果想让玩家更进一步地享受游戏，就应该想办法促使玩家多选择符合概念的行动。

下面我们就看看如何促使玩家做出符合概念的行动。

## 界面要简明易懂

首先是UI(用户界面)。说白了就是向玩家传递信息的画面以及数据的输入方式。较具代表性的有画面上、下、左、右的状态栏。UI里通常显示了玩家进行游戏时必要的信息，例如剩余生命数、剩余生命值、道具、敌人的生命值、限制时间、剩余能量、燃料表等。

难懂甚至让人看不懂的界面会大幅降低游戏的趣味性，闹不好还会让玩家放弃游戏。这里讲讲《钻地小子》初次拿到公司直属电玩城去测试时的情景。当时有一名顾客看到游戏画面，发现这是一款全新的游戏，于是兴致勃勃地塞了一枚硬币坐到机器前。进入游戏后，他先不急不慌地钻开一个方块，然后观察整体的情况，发现没危险后又钻开了旁边的一个方块，接着继续观察。就这样，他钻完了第一排才开始钻第二排。差不多到第五排的时候，氧气容量降到了20%以下，游戏发出“哔哔哔”的警告音。该玩家这才着急起来，赶忙垂直向下挖，结果还是因氧气耗尽而失败。后面几次尝试也都是同样情况，途中虽然有捡到过氧气胶囊，但玩家根本没注意到氧气的恢复。最后，这名顾客还没等体会到游戏真正的节奏与乐趣就离开了座位，临走时还嘟囔了一句“玩不明白啊”。在顾客眼中，这款游戏像是掉落型消除游戏，但失败了多次之后仍找不到游戏窍门，直至游戏热情被消磨殆尽。我跟几个在远处暗中观察的团队成员都为此受了打击，赶忙回到公司开会讨论对策。

第一，这款游戏“纵向挖掘”的主题没能传递给玩家。为了能让玩家意识到应该纵向挖掘，我们设计前几排用 × 标方块填充，起点处只留下一格可以向下挖。第二，“氧气机制”和“氧气胶囊的意义”两个系统没能传递给玩家。于是我们决定给氧气胶囊加个特效，在角色获取氧气胶囊时，胶囊会旋转着飞向显示氧气剩余量的UI处并恢复一定量的氧气，同时显示“+20”字样。也就是说，它告诉玩家“刚刚拿到的道具可以把这里显示的值 +20”的一个信号。保险起见，如果玩家一定时间没有向下挖掘，游戏还会在角色脚下显示“向下挖！”字样。

最关键的一点，这款游戏独特的节奏没能传递给玩家，所以我们在投币前的画面中追加了试玩演示，告诉玩家这款游戏应该以何种节奏来玩。

实现上述这些改动用了一天，第二天我们跑到公司用来进行本地测试的电玩城换了 ROM。随后来了当天的第一位顾客。游戏的试玩演示勾起了他的兴趣，于是他投入硬币，坐下来开始玩。这次的游戏过程与之前大不相同，玩家终于能按照我们所想的节奏玩游戏了。

然而，3 次失败后玩家毫不犹豫地离开了座位，这表示我们的调整没收到效果。正在我们懊恼之际，只见玩家从钱包中掏出一张 1000 日元大钞，二话不说塞进兑换机换出 10 枚硬币，随即匆忙跑回座位往机器中投入一枚，剩下的放在身边。

最后这位顾客总共花了 700 日元，打通了 500 m 大关，心满意足地离开了。

相较其他游戏而言，街机游戏开发起来更为困难。因为它首先要想办法吸引玩家投币。即便玩家投了币，我们还必须保证让玩家知道用这一枚硬币能玩什么、有趣在哪里、有什么技巧、因何而失败。如若不然，玩家是不会再投第二枚硬币的。

## 告诉玩家怎么玩

更重要的是，上述这些东西不能用文字来传递。我倒是也见过一些通过长篇大论的文字来介绍游戏方法的游戏，但这个做法实在不敢恭维。

各位可以想一想玩街机游戏的场景。玩家投币后按开始键的那一刻，游戏热情是最高昂的。此时玩家最希望的是早点开始操作，比如在赛车竞速类游戏里踩油门转方向盘，在射击游戏里“砰砰砰”开枪。这里要是突然蹦出一大段说明文来介绍操作，那只会破坏节奏，削减玩家的游戏热情。而且对大多数人来讲，操作说明看个两三页就会不耐烦地连按跳过，因为大家觉得“玩玩就知道了”。

所以，游戏玩法不能用说明文来说明，应该利用游戏机制让玩家在游戏过程中理解。最理想的情况下，玩家可以通过玩游戏自然而然地理解游戏玩法和规则。

“哈哈，原来是这么回事，我懂了。”

这样一来，玩法与规则都是玩家自己摸索出来的，不会有被动接受的感觉。要知道，人类会对自己发现的事物抱有好感。反过来，一旦玩家有了“被动接受”的感觉，就会觉得游戏是一种劳作，很难有热情。

不过，有些东西不管我们花多少心思都无法潜移默化地传达给玩家。这些东西如果放着不管，玩家就会感到郁闷：

“唔，玩不太明白啊。这游戏没意思，玩别的去好了。”

这种情况一定要避免。实在没辙的时候，或许还不得不打出“去做○○○！”的字样。文字出现在玩家不知如何是好的那一刻最为有效。

在开始游戏之前长篇大论地讲注意事项并没有用，因为玩家根本听不明白，也不会去听。不仅如此，由于玩家需要连按按键跳过说明画面，难免产生焦躁情绪。

反过来，人们在遇到麻烦或危险的时候，对可能解决问题的建议是来者不拒的。

以射击游戏为例，在玩家子弹用尽时显示“射击画面外”，玩家照做之后出现装填动画。此时他们会对游戏机制恍然大悟，下次再也不会犯同样的迷糊了。

另外，有些时候为了让玩家能更好地享受游戏，需要让他们掌握多项技巧。此时最要不得的就是用文章挨个去说明，游戏却半天不开始。

这种时候应该把大量技巧的说明放到一边，先告诉玩家最低限度的操作手法，让他们去游戏里闯一闯。等到过关画面或失败画面显示完毕，利用进入下一画面的读取时间，在屏幕上给出一个小提示。

“小提示：○○○○○的时候，×××××××× 就行了！”

将其中一个技巧告诉玩家。一条技巧通常大家还是有耐心去看的，更何况这些小道消息能在下次游戏时帮助玩家闯关。

如果能分析玩家的游戏风格，从中找出不足的地方加以提示，其效果会更加明显。比如玩家已经积累了足够的金币却从来不打开道具购入画面，这说明玩家可能并不知道游戏中能买道具。此时显示：“积累足够的金币可以购买道具，道具运用得当对闯关大有好处哟！”玩家会想：“嗯？什么道具？有没有好用的？”随即对道具产生兴趣，积极地去购买道具。

可见，向玩家传递游戏玩法时也要注意节奏，保证不对游戏整体节奏造成影响。

## 实例：《钻地小子》

《钻地小子》的概念是在方块的连锁消除中享受“边挖边躲的紧张感与爽快感”，因此需要诱使玩家大量触发方块的连锁消除。

前面的章节中我们讲过，《钻地小子》为了创造方块的连锁消除采用了下面两个创意。

- **氧气与氧气胶囊**
- **×标方块**

我们来一个一个地看。先是氧气与氧气胶囊。玩家获取一个氧气胶囊时，恢复多少氧气比较合适呢？

不妨先想想恢复太多会怎样。如果一个氧气胶囊就能让玩家暂时无缺氧之忧，玩家就不必冒着危险去取某些胶囊了。结果就是玩家横向移动减少，很难造成方块连锁消除，玩家在挖掘过程中享受不到紧张感。

反过来恢复太少又会如何呢？这种时候，费半天劲冒着风险捡来氧气胶囊却恢复不了多少氧气，使得氧气胶囊的价值下降。闹不好为拾取胶囊花费的氧气量比恢复的还多，与其去捡胶囊还不如直接往下挖。这样一来，玩家拾取氧气胶囊的行为也会减少，连锁效应很难出现。

可见，为了促使玩家采取符合概念的行动，对某些机制进行调整十分重要。

然后来看看 × 标方块。这种方块需要挖 5 次才能破坏，而且破坏时会惩罚性地减少 20% 氧气。这种设定使玩家愿意主动地避开 × 标方块，有了横向挖掘的动机。

我们要探讨的是 × 标方块出现的数量。如果太少了会怎样？玩家大可不去在意 × 标方块，一直向下挖基本不会有问题。反之，要是太多了呢？此时玩家很难向下掘进，游戏节奏被拖慢，挖掘的快感也所剩无几了。显然，这里的调整也很重要。

说句题外话，× 标方块有着其意想不到的作用。比如下面这种情况。

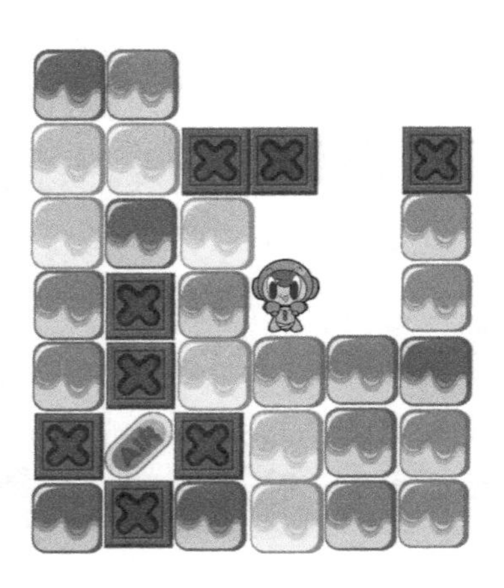


图 9-1 × 标方块挂在头顶形成屋檐保障安全

× 标方块挂在头顶可以起到屋檐的作用，在其下方挖掘能保证安全。另外，在遇到下图的情况时，只要按照箭头指示的方向挖掘，× 标方块就会变成屋檐，挡住上方掉落的方块。

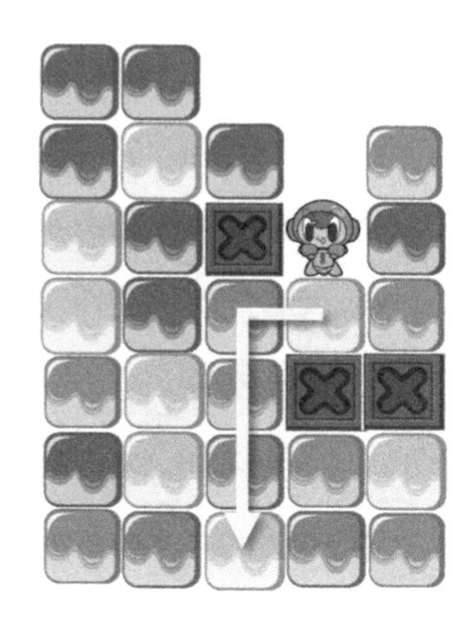

图9-2　挖掘 × 标方块下方，使其与其他 × 标方块粘在一起形成屋檐

出现上述玩法是因为 × 标方块数量较少，很难出现4个或更多 × 标方块粘在一起的情况。因此，× 标方块的数量还决定了能否创建出安全挖掘的空间。另外，为了让玩家能进一步享受紧张感与爽快感，这款游戏还引入了下面两个创意。

- **每100 m一小关**
- **设置了终点**

加入它们之后，游戏有了更多机会让玩家体验“好可惜，只差几米就过关了！”的懊悔以及“眼看要被砸死了，结果正好过关保住一条命！”的安心。从结果来看，整款游戏能体现出概念（享受紧张感与爽快感）也有它们的一份功劳。

## 实例:《风之克罗诺亚》

《风之克罗诺亚》中，为了让玩家感受到标题里的“风”，我们设计游戏从风之村开始，让玩家从高大的风车屋前面经过，利用旋风草(一种会定期旋转，像鼓风机一样创造上升气流的植物)高高飞起，乘着峡谷间向上吹拂的风浮在空中等。这些东西都在为玩家渲染着风的感觉。

图9-3 《风之克罗诺亚》的风

这个第1关(游戏中称为VISION1)的作用是让玩家觉得“身处幻想世界”本身就是一种舒服享受。其中主人公克罗诺亚相当于玩家在游戏世界里的分身，起到代入作用。

这款游戏的概念是“将抓住的敌人用于攻击或移动，从而消灭敌人，攻略地图”。第一个要做的就是让玩家不断地捕捉敌人。虽然抓住敌人之后都是吹成球举过头顶扛着跑，但我们让每个敌人被吹起来的方式都不同。毕竟每个敌人的造型都不一样，被吹起来的动画本来就是要分开做的，于是美工团队提出“反正都一张一张分开画了，干脆让吹起来的方式也不一样吧”。他们觉得这样一来，玩家每次见到新敌人都会想“这家伙吹起来会是什么样呢”，从而对敌人产生兴趣。

用户寄来的信中有人写道“最让我家孩子开心的不是闯关，而是敌人被吹成球以后的样子”。我至今都记得看到这句话时有多高兴。

## 诱导玩家

下面我们以动作游戏为例进行分析。动作游戏最有趣的地方在于“接二连三地打败敌人攻略地图”或者“动态地在地图内任意驰骋”等。我们要保证玩家能毫无压力地享受这些内容，因此必须时常提醒玩家现在该做什么，防止他们在游戏中感到迷茫。

举个例子，为了让玩家享受“敏捷地爬到高处然后纵情一跃”这一动态过程带来的爽快感，我们做了一张高低差很大的地图。但问题来了，玩家爬到高处时镜头要一起跟过去，使得我们看不到悬崖下面的情况。于是要尽量将镜头拉远，把悬崖下方的景象纳入镜头。然而我们把悬崖做得非常高，若想将整个悬崖都显示出来，镜头需要拉得非常远，导致角色看起来只剩豆子那么大。这样一来非但没了一跃而下的迫力，爽快感更是无从谈起。这种情况下，玩家享受不到“动态地在地图内任意驰骋”这一概念。

这种时候可以用道具来诱导，就像《超级马里奥兄弟》里的金币。悬崖前方有竖直向下的一列金币时，就算看不到底部的情况，跳下去也通常能落到地面上。反过来说，凡是看不见的地方，只要有金币诱导，那就肯定有地面且没有敌人。这样一来，玩家就能毫不犹豫地一跃而下了。

也就是说，金币的摆放位置暗示了地图的最佳行动路线。另外，金币所在的位置还意味着“那个位置肯定有办法抵达”。

以前我玩过一款游戏(名字已经忘记了)，游戏中有一些能跳过去的峡谷，其中某个峡谷正中心放着一枚硬币。当时我就觉得“这地方能跳下去”，结果一试，直接掉下去损失了一条命。不过，那枚硬币下方正好放着 1UP，我在摔死之前先捡到了它，所以实质上是 ±0。

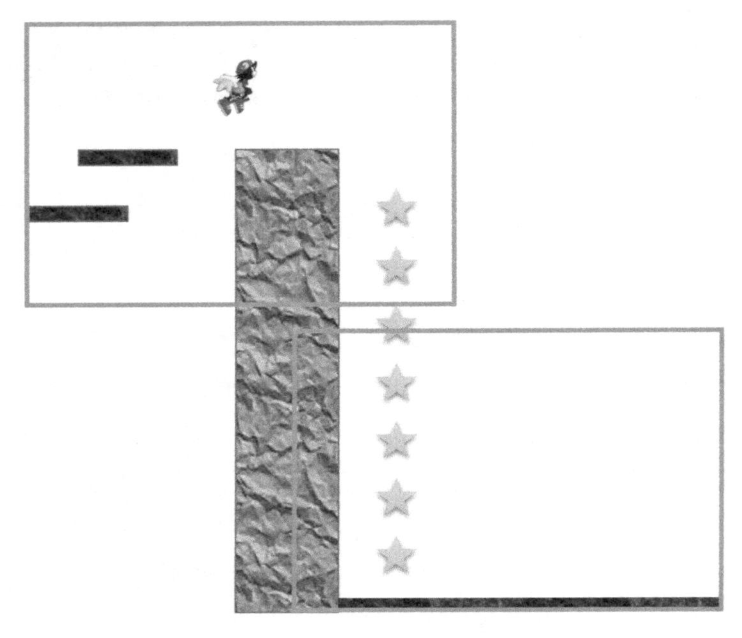

图9-4 用道具诱导

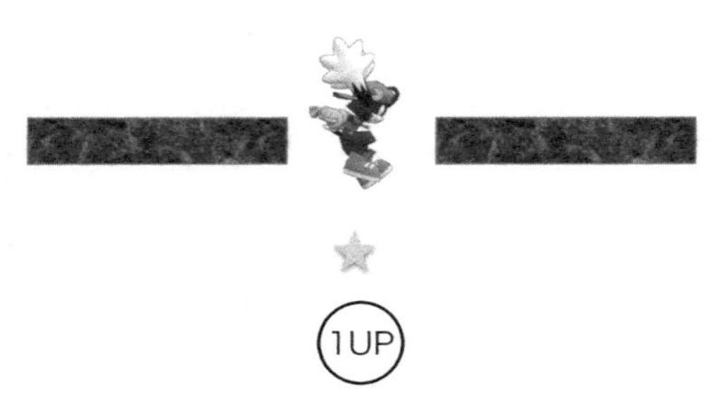


图9-5 脱离常理的摆放方式

这款游戏的开发者大概是想搞个恶作剧逗逗玩家，但游戏中只要出现一次这类情况，游戏创作者与玩家之间的信任关系就会被打破。此后，即便有金币诱导，玩家也无法放心地流畅做动作了。因此，常理还是要严格遵守的。

接下来我们再分析一下RPG(角色扮演类游戏)的情况。此类游戏常在地图各处藏有宝箱，这些宝箱也不能随意摆放。它们都应该是创作者留给玩家的信息。宝箱所在的位置都是必然能抵达的位置，它们通常是玩家探索该位置的契机。

不仅如此，有未开的宝箱表示这片区域尚未被探索，有已开启的宝箱表示这个地方玩家曾经来过。另外，既然宝箱作为诱导玩家的元素，它里面的东西就必须与玩家抵达宝箱处所消耗的时间及精力(敌人出现的频率和强度)相称。

创作者安排宝箱时只需要敲敲键盘，而且里面想放什么就放什么，所以常常喜欢搞个恶作剧，让玩家千辛万苦找到宝箱却发现里面空空如也。然而我认为，作为游戏，只能有超出玩家期待的东西，绝不能让玩家失望。在这种地方削减玩家的游戏热情就太不值得了，所以一定要让玩家获得与其付出相称的回报。

## 用可调整项目的平衡性来诱导

假设有《马拉松运动员(临时)》这样一款游戏，它的主题是“马拉松”，概念是“通过有节奏地连续按键享受马拉松超越极限般的爽快感”。我们来以它为例进行分析。

系统方面，我们设计按键越快跑得越快。如果只有这一条系统会怎样呢？玩家要一直玩命地按键，过不了多久就累得手酸，最后放弃游戏了。

所以我们既要玩家连续按键，又要保证不产生疲劳感，最好能像跑马拉松一样有节奏地前进，同时伺机加速冲刺。怎样才能满足这些要求呢？设计成按键越快体力消耗越多就行了吗？

不过，从这个角度出发的话，我们很难给匀速状态找到一个合适的按键节奏。所以应该先在脑海中描绘出马拉松突破体能极限后的节奏，从中找出最舒服的按键时机，就像1、2、1、2……这样。

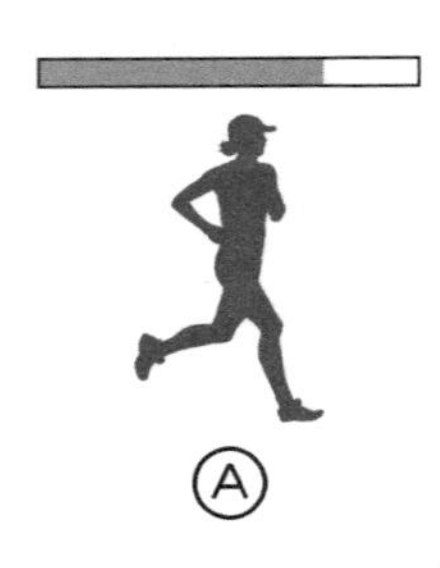


图9-6 按一定节奏连续按键会以一个固定速度奔跑，不消耗体力值。冲刺时要加快按键速度消耗体力

然后就是进行调整。玩家按上述节奏按键时让角色以通常速度匀速前进，不消耗体力值。按键速度超过上述节奏后，按得越快角色速度越快，同时体力消耗得也越快。体力消耗到0之后进入疲劳状态，让角色速度降到比走路还慢。

这样一来，玩家就需要考虑马拉松途中的节奏分配问题了。通常情况下以一个舒服的节奏连按保存体力，关键时刻快速连按消耗体力加速冲刺。

为某些行为添加适当的惩罚措施能改变玩家的行动。所以我们应该仔细修改各个机制的参数，让玩家以我们预想的“舒服的节奏”玩游戏。

## 通过机制传递信息

可以看出，游戏中的所有元素都是给玩家的信息。我们要通过一切机制向玩家传递现在处于什么状况、应该做什么事、有什么技巧、哪里没做好等。如果信息传递得不到位，玩家会觉得“玩不明白”，渐渐失去游戏热情。我在前面提过很多次，游戏绝不能削减玩家的游戏热情。只要玩家知道现在该做什么，知道怎么做能顺利过关，而且觉得自己有能

力做到这件事，那么他就暂时不会放弃游戏。所以，如果希望玩家能一直玩下去，就必须把现在该做的事以及所需的技巧传递给玩家，让玩家觉得自己有能力过关。

近年来，越来越多的侧向视角横版卷轴动作游戏开始使用3D地图，其镜头距离与角度都可以调整。利用这一机制，当前方视野外有敌人要发动攻击时，我们可以稍微向前调整镜头角度，自然而然地将危机通知给玩家，让玩家事前做好准备。这就是一个向玩家传递信息的好方法。

图9-7　镜头略微向前偏转，告诉玩家前方有敌人

让镜头安排也成为传递给玩家的一种信息，能使玩家在游戏失败时更容易接受责任。

《塞尔达传说》有一个万年不变的设计，那就是宝箱中存放的道具（箭矢、炸弹等）必然是该关卡解谜或攻略 BOSS 时所需的东西。

通过游戏机制、道具位置等非语言的东西向玩家传递信息是创作游戏的重要手法之一。如果用语言来传递信息，玩家之后的行为就成了早已安排好的“工作”。然而通过机制传递信息能给玩家带来自己解开谜团的快感，其成就感与满足感不可同日而语。

让玩家自然而然地注意到游戏方法和规则并不是一件容易的事，它需要在很多设计上花费大量心思。不过，做出一款让人觉得好玩的游戏正是我们最需要费脑筋的地方，所以这方面一定要有毅力。

## 小结

第 9 章中我们讲了在创作游戏时，应该通过机制使用非文字的方式诱导玩家贴近概念，让玩家享受独自解开谜团的喜悦。接下来的第 10 章我们将谈一谈如何创造游戏整体的舒服节奏。

# 第4篇 让创意的节奏更丰满

# 为节奏增添变化

创作游戏最基本也是最必不可少的条件，是操作起来很舒服，任何一款游戏都不例外。若想创造出“舒服”这种感觉，则需要先有一个舒服的节奏。所以说，每款游戏都有着其独特的节奏，而每款有趣的游戏，其所有部分都有一个共同的目的，那就是让操作的节奏自然且舒服。

## 用金币创造节奏

我们以横版卷轴动作游戏为例来分析。有些地图既没有敌人也没有陷阱，只有一条平直的道路，在这种地图上奔跑时，玩家的操作只是往一个方向推摇杆罢了。为摆脱这种单调的操作，我们可以在地图中加入一些需要跳跃才能拿到的金币。如此一来，玩家的操作中就出现了看准时机按跳跃键拿金币的动作。与此同时，摆放得当的金币还能创造出有韵律感的节奏。

以图 10-1 所示的摆放方式为例，其节奏是下面这样的。

图10-1　用道具创造节奏

**哒哒哒，叮，啪嗒，叮，啪嗒，哒哒哒，叮叮叮**

可见，道具的摆放是一个类似作曲的过程。我们要做的就是创造出带有舒服旋律的节奏。当然除了金币之外，升级道具、奖励道具甚至敌人等都可以看作曲子中的音符。这些音符有着各自不同的音效，如果能以顺利闯关为前提将它们谱成一段舒服的旋律，那么玩家的游戏手法越是熟练，越会觉得这是一款舒服的游戏。

## 动作游戏的地图设计

我在创作动作游戏时，最关心的是玩家手法熟练后能否行云流水地玩这款游戏。也就是说，手法熟练到一定程度之后，能在一直推着摇杆（控制移动）的状态下毫无停顿地跑完整张地图。说白了就是能一边跑一边左蹦右跳轻快地移动，一路飞奔直到终点。这就要求游戏不能出现节奏断点。

要让玩家时刻觉得自己在前进。后退的感觉和做无用功的感觉都是削减游戏热情的重要因素，我们一定要尽力排除这种创造压力的因素。

比如下面这张地图。跳上高台前进是主要路线，下方是一个不算很深的洞窟，里面放着道具。

图10-2　死胡同

玩家若想拿到道具，需要径直走进下方的洞窟，等拿到道具后还要原路返回，再跳上高台进入主要路线。

图10-3 死胡同→返回

折返过程中玩家没有任何事情可做，既没有可玩内容也没有期待感，这只是单纯的“劳作”罢了。游戏是拿来玩的，所以必须极力避免“劳作感”。像这种死胡同就需要多花些心思，比如可以在尽头处安放一个单向通行的门，从而跳过无聊的折返过程。

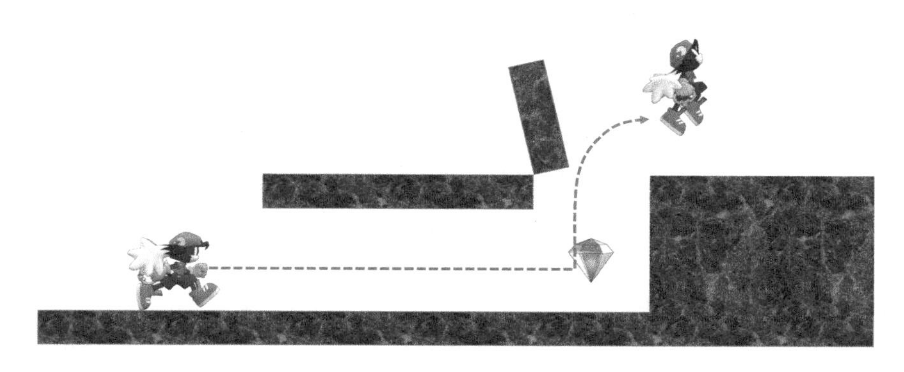

图10-4　死胡同→咔哒！

道具摆放的基本要求是能一笔画完。有多种拾取路线固然是好事，但最短路线必须做到一笔画完所有道具，这样能让玩家时刻保持前进的感觉。

以下图为例，各位会选择怎样的路线前进呢？

图10-5　道具的摆放

拾取道具后，是不是出现了毫无意义的折返部分？

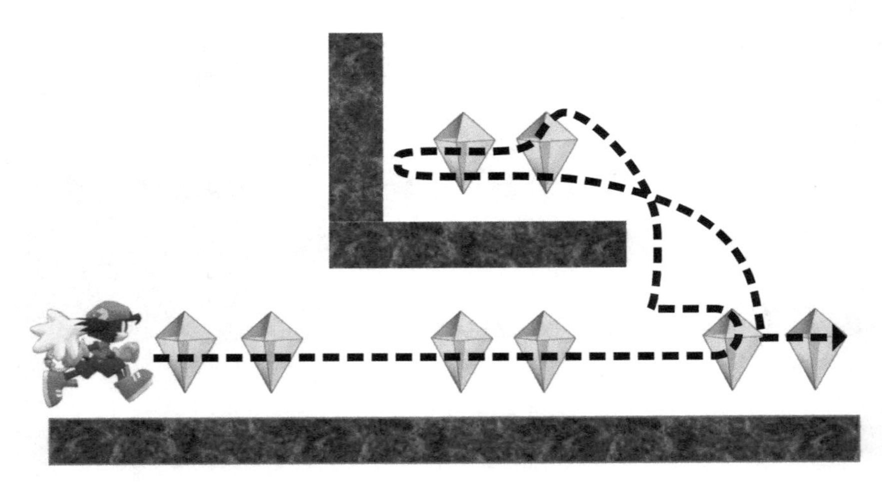

图10-6 循着道具移动

这些折返部分也应该加入一些新的东西，为玩家带来成就感，使其不再毫无意义。比如下图所示的方法，我们诱导玩家在返回时跳起捡道具，从而给游戏带来跃动感。

图10-7 循着道具移动和跳跃

如何？图 10-7 是不是节奏更加连贯，更能让玩家享受跳跃的动态过程呢？一款舒服的动作游戏必然经历了无数次“摆道具→试玩→再摆道具→再试玩”的过程，力求每一个细节都达到最舒服的状态。各位平时玩游戏时如果遇到了好玩的动作游戏，不妨把关注点放在其道具摆放上再重玩一遍，相信一定会有收获。

## 敌人的摆放

接二连三消灭敌人攻略地图的爽快感是动作游戏的精髓之一。为什么消灭敌人会带来爽快感呢？这是因为敌人的摆放位置正好能让玩家以最具爽快感的节奏消灭它们。

这与古装戏里的“杀阵”是同样道理。古装戏中，一大群敌人向主人公扑来。主人公先是横向拔刀砍倒第 1 人，紧接着顺着收刀动作纵向砍倒第 2 人，随后一个闪身躲过后方攻击砍倒第 3 人，最后将刀向背后一刺放倒扑上来的第 4 人，整个过程如行云流水一般干净利索。如此完美的节奏自然让人觉得舒服。

动作游戏中敌人的摆放也类似杀阵。把敌人摆到地图中，不是为了把玩家打得人仰马翻，而是为了让玩家痛快地消灭敌人、让玩家打得舒服，这才是摆放敌人的目的。古装戏里能把被砍角色演好的演员，都是能让主角看起来更强、更帅气的老戏骨们。

要说游戏最大的敌人是什么，答案是“腻烦”。玩家玩腻了，一款游戏的寿命也就到头了。

那么腻烦的原因在哪里呢？在于单调。人们长时间做同一件事时很容易感到腻烦，所以为了避免单调，我们需要给节奏增添变化。

前方敌人以相同间隔走过来会是怎样一个效果呢？我们假设每秒按一次键正好能消灭眼前的敌人，那么玩家面对这样一排敌人时，其操作就是“每秒按一次键”。这不是“玩”，而是“劳作”。前面我们说过，劳作感必须尽力排除掉。

因为单纯的劳作很容易让人腻烦，所以在这种情况下，我们需要在敌人类型方面添加一些变化。第1个敌人要让玩家能轻松击败，所以正常走过来就行。3名敌人各间隔1秒依次走过来，在这3秒之内，玩家要有节奏地“啪，啪，啪”攻击3次。第4次还是这个节奏的话会显得单调，所以我们让第4名敌人从高台上走过来。这样一来，玩家需要在跳上高台的同时攻击敌人，使用的动作从单一动作变成了复合动作。

图10-8　加入跳跃形成复合动作

再经过3次攻击之后，我们改变一下套路，让敌人从背后出现。身后出现的敌人肯定要比玩家移动速度快，否则不可能追上玩家，但速度太快又会提升游戏难度，所以我们需要安排一些东西来降低玩家的速度，从而保证敌人能追上且速度不用太快。这时可以放置几个道具(金币等)，趁玩家捡道具的工夫让敌人进入射程范围，等玩家捡完道具转身一个回马枪正好消灭敌人，节奏舒服极了。如何？虽然没做多大改动，但劳作感已经荡然无存了吧？动作游戏要让玩家在游戏中成为动作巨星，所以我们要保证玩家按照剧本玩游戏时能演绎出最棒的杀阵情节。

图10-9　用道具拖延时间

## 有缓有急

前面我说了，地图设计最好能让玩家在熟练之后能一直推着摇杆毫无停顿地跑完整张地图。然而，这个状态持续太久也会让人觉得单调。虽说轻快、迅速、动态地消灭敌人攻略地图是个不错的享受，但偶尔还是要让玩家停下来，给节奏增添一些变化。也就是说，游戏整体节奏要**有缓有急**。

比如我们在很多游戏中见过这种地图，它的天花板上有按一定周期伸缩的尖刺。这种机关需要玩家暂时停下脚步，瞅准时机再从下方钻过去。这里只要将站定和冲刺的位置安排好，就能产生出有缓有急的节奏。尖刺一开始最好只放一个，让玩家熟悉它的伸缩模式，说白了就是先“混个脸熟”。

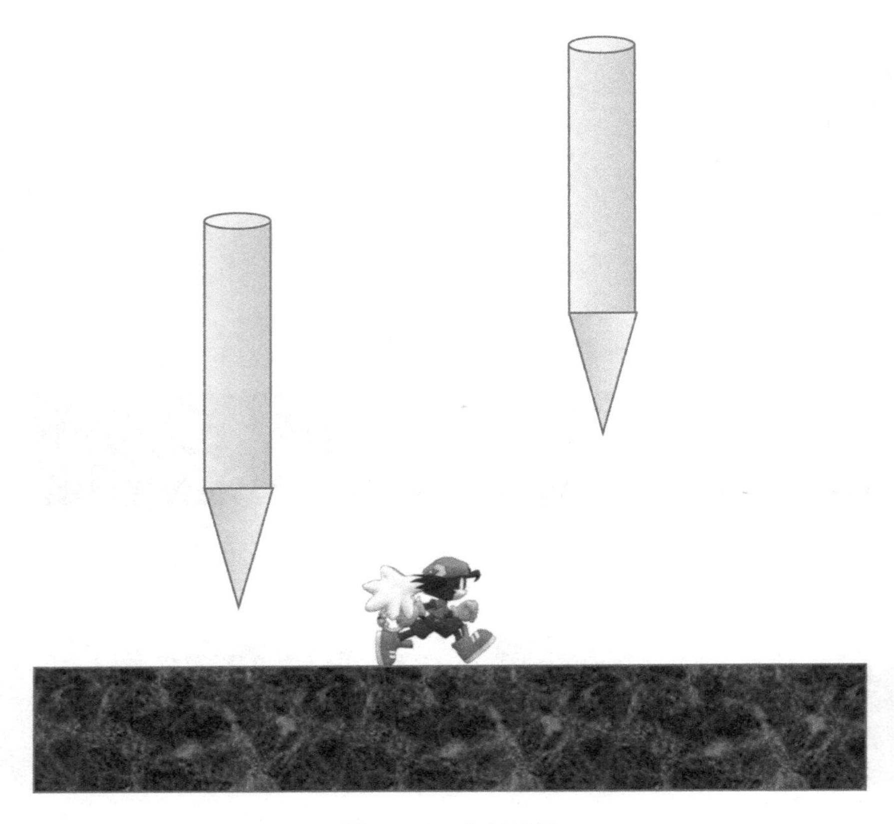

图10-10 尖刺机关

之后的尖刺可以放一排，各尖刺伸缩的时机依次向后错开一点，保证玩家在掌握第一个尖刺的规律后能一路冲刺恰好躲开所有尖刺。这样一来，玩家在第一次遇到的尖刺处记住规律后，只要躲开了一排尖刺的第一个，就能体验电影《夺宝奇兵》中哈里森·福特勇闯陷阱一般的惊险刺激（图10-11）。

另外，设置中BOSS也是常用的手法之一。大部分游戏中，各个关卡最后都有BOSS把守，这些BOSS通常要用该关卡中刚学会的技巧来消灭。不过，有些游戏会在关卡中间设置特殊敌人，它们不像关底

BOSS 那么大那么强，但对付起来有一定难度，这就是中 BOSS。

我们可以在玩家走到一定位置时突然停止卷轴，将玩家角色关在有限的空间内，同时中 BOSS 登场，规定玩家只有打败中 BOSS 才能继续前进。这样既能带来打通关卡般的成就感，又能大幅降低单调感，给玩家一种前进的感觉。对于一些长度过长让人疲惫的关卡而言，这是个行之有效的手法。

图10-11　冲过尖刺机关

## 重视速度的关卡

刚才我们说到在以速度感为中心的游戏中可以设置短暂的停止状态以缓和节奏。

反过来，在游戏中设置比通常速度更快的关卡也不失为一种不错的选择。像一路下坡的关卡、站在会动的地板或平台上强制前进的关卡等，每隔几关出现一次比通常速度更快的关卡，这种情况相信各位玩游戏时都遇到过。

比如由漫长下坡路组成的关卡，玩家越跑速度越快，跳跃的时机越难把握。或者像《超级马里奥兄弟》那样，一屁股坐在坡道上直接向下滑，噼里啪啦撞死一串敌人。

前者的缺点在于会提高难度，玩家一旦判断失误就容易把责任扣到游戏身上。

图10-12　坡道

这种时候就需要花些心思，在该跳的位置放几个浮空的道具，看似不经意地告诉玩家那里该跳了。也就是说，让玩家跳起来捡道具的时候正好能躲开敌人或陷阱。如此一来，玩家能同时感受到连续获取道具的爽快感、高速前进的惊险刺激以及顺利躲避敌人的胜利感，从而使游戏的单调感被大幅降低，节奏富于变化。

不过，这种手法其实是柄双刃剑。万一调整不到位，很可能让玩家在这里失败多次，形成难以攻略的关卡。在短时间内连续失败多次，或者由于速度过快让玩家找不到失败原因的话，玩家就有可能在同一个关卡闯几十遍。一旦玩家卡在了这里，那我们费劲做出来的节奏缓急调整反成了累赘，使得游戏更加单调了。

这种关卡最大的作用是让玩家享受不一样的速度感，所以要保证任何人随便练几次都能过关，最好能让玩家觉得是在几次尝试之后凭着冲劲过了关。至于过程，只要能让玩家感到惊险刺激即可。总而言之，加入这类关卡时一定要注意调整，如果实在不知道选用哪个方案，就找其中最容易过关的。

## 解谜关卡

还有一种方法是让玩家用基本动作来解一些简单的谜题。用这个方法时要切记，谜题必须而且只能用基本动作解开。无论我们多想给节奏增添变化，也不能突然拿一个毫无关系的游戏来让玩家玩，这样游戏显得像一盘散沙。这里的关键就在于，让玩家能停下脚步思考用现有动作如何解开谜题，从而改变游戏的节奏。

比如《风之克罗诺亚》里就有这样一个机关，玩家被锁在一间屋子里，必须开启房间内的3个开关才能打开出口。第1个开关需要用二段跳跃爬到高处打开，第2个开关需要向屏幕里/外投掷敌人砸开，第3个机关需要利用二段跳跃向下踢敌人撞开，这些全都是克罗诺亚的基本动作。我们给这个机关添加了时间限制，被开启的开关经过一定时间会自动回到关闭状态。于是这个机关就带来了两个挑战，一个是按何种顺序用何种方法开启机关，另一个是在限制时间内顺利完成所有动作。

图10-13 带着3个开关的谜题

与前面重视速度的关卡同样道理，用这个手法时要也注意谜题不能太难，否则会打断原本很不错的节奏。这里要是出了问题，那就本末倒置了。

动作游戏最理想的状态是谜题与动作的平衡，谜题要让玩家稍一动脑就能找到破解之法，但解谜所需的动作能否顺利完成就要考验玩家的手法了。所以，解谜部分的难度调整一定要慎重，切记不能太难。毕竟我们最根本的目的是给逐渐趋于定式的游戏节奏增添变化。

##  BOSS的设计 

不少游戏会在关卡最后设置 BOSS 来制造高潮。好的 BOSS 设计不仅能给人带来成就感和宣泄感，还能有效地将玩家带入游戏世界之中。那么，什么样的 BOSS 最能带来这种效果呢？下面我们来看一看。

首先，我们既要重视 BOSS 战本身，也要重视 BOSS 战的前后区域。进入 BOSS 战区域之前，我们可以给玩家一些“预兆”，告诉玩家“BOSS 战就在眼前了”。具体方法有很多，比如背景增加阴森恐怖气氛、突然不再出现敌人、敌人向后撤离、BGM变诡异、刚刚经过的道路突然被厚重的铁门封死、穿过狭小的洞窟进入宽敞的房间等。这样做的目的是让玩家觉得："喔？不对劲啊，要到BOSS了吗？"进而提升紧张感，同时给他们一个停顿来擦擦手里的汗，做个深呼吸。在经过适当停顿，紧张感达到最高潮之时，让BOSS以远超玩家预想的方式登场，给玩家带来震撼。这样一来，玩家的紧张感将达到另一高度，情绪进入兴奋状态。

不过有一点需要注意，那就是BOSS出场画面的时长。为了尽量给玩家带来震撼，开发者很容易在这里努力过头，导致画面时间过长。各位请想一想，打BOSS并不像打小兵那样轻而易举，战斗往往要重复多次。这里要是画面时间太长，万一玩家没打过BOSS读档重来，就需要再等一遍不久前刚看过的漫长的登场演出了。

我强调过很多次，单调是让人腻烦的最大因素。出场画面第一次看会震撼，第二、第三次看就没感觉了，相反地还会有"不能快点吗！"的焦躁情绪。况且玩家之前刚输给BOSS，这样只会增加玩家心里的不痛快。

那么这里应该怎么做呢？比如可以让第二次BOSS战直接从BOSS登场以后开始，但这样会削减玩家的紧张情绪。或者学某些游戏按开始键跳过该画面，然而画面从第二次开始必然会被跳过，这就增加了不必要的操作，形成了一种"劳作"，因此我也不是很推荐。让玩家看漫长的画面演出只是开发者的一厢情愿，毕竟这东西原本的目的是将玩家的紧张情绪推至最高潮。

那问题就来了，BOSS战的演出画面多长为宜呢？我坚持认为"演出画面最长不能超过4秒"，超过4秒之后玩家会有"还没完啊"的感觉。所以BOSS的出场画面在2到4秒为宜。举个例子，蜈蚣造型的BOSS钻破房间地板登场，双眼瞪着玩家，到这里用去2秒。紧接着一声咆哮，镜头拉远开始战斗，到这里总共4秒。在这4秒内，玩家正好可以衡量与BOSS之间的距离，给自己鼓鼓劲，进入战斗的节奏恰到好处。

图10-14 BOSS的出场画面

战斗开始后，我们要告诉玩家该干什么。也就是说，要通过某种手段告诉玩家这个 BOSS 怎么打。

举个比较常见的例子，有些 BOSS 的弱点在屁股上，这些 BOSS 从前面打不掉血，只有攻击弱点才能对它造成伤害。这时我们就必须告诉玩家“要想办法绕到 BOSS 身后”。

最常用的手段是把弱点部分做成会发光的球，蓝白色的光忽明忽灭。这种类型的提示相信各位都见过。只要玩家攻击弱点，弱点就会闪光，BOSS 则露出非常痛苦的表情。

“哈哈，我就说嘛，果然这里就是弱点！”

玩家发现自己推理对了、攻击起效了，便会获得相应的满足感。所以 BOSS 受伤的画面非常重要，一定要做得足够明显，让所有人一看便知。第 7 章中我们提到操作之后必须立刻有反馈，这里也是同样道理。

然后说说 BOSS 的攻击。这里要注意的是，BOSS 的攻击需要有一个 2 秒左右的信号告诉玩家“我要攻击了”。比如从嘴里吐火球，火球不能突然吐出来，而是要有一个准备动作，先张开嘴，让嘴里发出红色的光再出现火球，玩家可以利用这段时间做闪避或格挡的准备。就算玩家没能躲开或挡住火球，这个可预测的攻击也会让玩家把责任更多地归结到自己身上。

讲一讲过去我参与开发一款射击游戏时的故事。当时我们完成了前三关，把游戏带到公司的电玩城进行本地测试。我就在不远的地方偷偷观察顾客玩游戏时的情况。这款游戏第一关最后设置了体型巨大的 BOSS，玩家在遇到 BOSS 前都没有失误，信心满满斗志昂扬。我为什么能得出这个结论？因为在 BOSS 出场前没有小兵的地方，这名玩家依旧得意地转动着操纵杆、痛快地敲着射击键。紧接着巨型 BOSS 登场，玩家冲到 BOSS 面前玩命按射击键，子弹铺天盖地地砸到 BOSS 脸上。这时 BOSS 嘴边亮起一个光球，光球越来越大，突然“唰”地一道光波射了出来，BOSS 正前方的玩家角色眨眼间灰飞烟灭。随后玩家操纵第二条命从画面下方登场，但此时的角色已经没了之前那种轻快的动作。玩家漫不经心地拨动操纵杆、无力地敲射击键，这些动作非常明确地告诉我，他已经丧失了斗志。估计他怎么都没想到会有这样的攻击模式，导致自己连躲的机会都没有就丢了一条命。

这名玩家直到最后也没能恢复斗志，三条命全都消耗在第一关的 BOSS 身上，没等游戏结束的画面出现就离开了座位，快步走出了电玩城。我们当然是立刻赶回公司重新制作第一关 BOSS 的攻击模式。那一瞬间我明白了，如果输的方式让人无法接受，那么这款游戏也就没什么前途了。

前面我们提到“预测到会有子弹飞来能让玩家更多地将失误的责任归结到自己身上”，但从上面的例子可以看出，有时候只预测到会有子弹飞来是不够的。我们虽然通过嘴部发光告诉了玩家“马上要攻击了”，谁也想不到是这种一瞬间贯穿前方所有东西的高速光线。也就是说，这种攻击必须在发射后仍有办法应对，或者被打中之后不会直接失败。

比如先向玩家不在的地方发射激光，然后慢慢向玩家方向修正轨道，或者吐出放射状的子弹，让玩家能钻缝隙闪避。总而言之，要让完全不知道游戏机制的玩家能只利用眼前现有的信息，单凭反射神经来应对攻击。

接下来该讲玩家消灭 BOSS 时的相关内容了，我们下一章再见。

## 小结

第 10 章我们教各位通过摆放道具、敌人、陷阱来创造舒服的节奏，还提到给节奏增添变化以防止“腻烦”。第 11 章我们将聊聊如何设计玩家的心理。

# 设计玩家的心理状态

设计地图、安排敌人和道具、设置敌人的攻击力等统称为关卡设计。另外，创作游戏也叫游戏设计，从事游戏创作的人被称为游戏设计师。

可见，创作游戏就是一项设计工作。那么，创作游戏是在设计什么呢？答案是设计玩游戏者的心理。我们脑中想的是让玩家想什么、采取哪些行动、获得何种情感变化，想的是如何才能达到上述目的。

这一章我们就来谈谈设计玩家心理的相关问题。

## 玩得好要使劲表扬

谁都会为自己玩得好而高兴，此时游戏内如果不做任何反馈，这份喜悦之情是要减半的。所以，玩家玩得好时，要给予他们表扬。

表扬不是显示一句“你真棒！”就完事的，要利用一切可以利用的时机、特效、音效等来赞美玩家。举个例子，玩家挑战某一关的 BOSS，如果给 BOSS 最后一击的同时画面暂停并显示出“过关”文字，玩家看了会是什么反应呢？八成是：“诶？打完了？呃……是我赢了？貌似是我赢了……”给 BOSS 最后一击时，我们希望玩家能获得最为浓缩的“成功了！”的快感。这方面比较常见的手法是在最后一击命中的瞬间进入慢动作。玩格斗游戏的读者对此应该不陌生。慢动作之后，我们希望玩家能尽情享受成功带来的成就感、自己强大实力带来的优越感以及从紧张中解放出来的解脱感。所以，BOSS 痛苦哀嚎之后最好来场壮观的爆炸，把 BOSS 炸个粉身碎骨。然后再伴着轻快的 BGM 痛快地显示出“第○○关过关！”字样，称赞玩家获得的荣誉。此时玩家正沉浸在满足感之中，所以不必再设置 4 秒之类的时限，要不遗余力地称赞玩家，让其尽可能地宣泄。要让玩家对这种快感难以忘怀，进而转化成挑战下一关卡的动力。这样一来，我们就能保证玩家以“耶！成功了！赢了！”的兴奋心情完成每一关的挑战了。

玩家完成挑战的瞬间处于最兴奋状态，所以我们要迎合玩家的心境，选择能进一步提升兴奋心情的演出画面。不过，再怎么拼命表扬也要有个度，关键在于迎合玩家当时的心境。

以 RPG 为例，在路边随随便便打开个宝箱，“铛铛铛铛 ~”一阵夸张的音效之后结果只拿到一棵药草，你此时会怎么想？只会觉得心烦吧？区区药草而已，开个宝箱“叮”一声拿到手才合适。

如果把药草换成 BOSS 大本营的城堡大门钥匙呢？玩家历经重重苦难终于拿到了这把钥匙，自然应该有一些华丽的特效，烘托出“太棒啦！终于拿到啦！”的心情。此时玩家脑海中会像走马灯一样回放之前经历的苦难，进而享受此刻的成就感。

总而言之，此处的重点在于要考虑玩家当时抱有怎样的感慨、处于怎样的心情，进而选择质量及长度与其相符的画面来表扬玩家。

## 失败瞬间最需要重视

前面说玩家玩得好要表扬，那么反过来失败的时候呢？其实，失败的瞬间比玩得好的瞬间更需要重视。人们玩得好的时候心情愉悦，会想继续玩下去。但是失败的时候，心中很可能萌生“到此为止”的念头。

那么，玩家在什么情况下会放弃游戏呢？首先是搞不清失败原因的时候。玩家觉得自己已经很好地应对了敌人的攻击，但还是被击败了，而且不知道为什么被击败："被某种致命攻击打到了吗？但是完全没看到这类攻击啊？"这种情况相信不少人都遇到过。遇到这种情况时，玩家的游戏热情会逐渐削减，渐渐地开始一边玩一边找放弃游戏的借口，最终找到借口放弃游戏。

"这游戏没意思。"

仅此一句话，就轻轻松松地终结了一款游戏的寿命。

另外，有些时候玩家知道自己为什么失败，但是怎么也找不到规避失败的方法。比如有个会跳的大型BOSS，玩家想绕到BOSS身后时，可以趁BOSS跳起来从下面钻过去。结果BOSS落地很快，再加上每次跳跃高度都随机，玩家完全无法掌握起步的时机。最终，玩家在尝试了各种时机却全部失败后，渐渐地对游戏产生厌恶感。

## 失败要合理

正如前面所说，失败的瞬间要重视起来。这时最大的问题是"合理性"。也就是说，必须在失败的瞬间让玩家明白哪里做得不对，如何才能避免。至少要让玩家对下一次尝试有一个展望。因为人们在想到"这样做应该能行吧？"的时候，很难按捺住去尝试一下的心情。若想提高失败的合理性，必须让玩家能通过画面中的信息充分预测接下来将发生的事。就以刚才那个会随机大跳的BOSS为例，我们需要将跳跃模式固定成一种，或者让它两次小跳之后第三次必定大跳，总之必须让其行动有规律，保证玩家能够预测。即便要保留其行动的随机性，也应该在大跳前加上大幅弯曲膝盖的蓄力动作等，即在改变行动模式时向玩家释放信号，让玩家能够判断行动的时机。

玩《钻地小子》的时候经常遇到下面这种情况。玩家本来已经看到方块摇摇欲坠，却一不小心走到它下面被压死。此时玩家心中会想："刚才我知道有危险，只是一不小心失误了。下次我知道时机怎么算了，肯定能过关！"于是这次游戏不算数，重新来过。玩家之所以认为这次失败合理，是因为他脑中明白"不同色的方块不能粘合在一起，它在下方被挖空之后会先摇晃几下再掉下来"这条简单的规则，认识到刚才的失败是因为自己判断失误。

合理的失败会让玩家把责任归结到自己身上，所以他们会思考应对方案，进而去尝试。要是能如预期一样获得成功，那么喜悦的心情会进一步促使他们继续游戏。形成"合理"→"下一步的战略"→"尝试"的思考循环之后，游戏的节奏就不会中断。此时的玩家找不到放弃游戏的借口，他们会一直玩下去。

第 8 章中讲游戏失败画面时我们也提到过，要给玩家短暂的冷静时间（3 秒左右），促使他们为下一次挑战做好心理准备，利用这段时间来"接受失败"和"制定战略"。

同样地，在讲重试画面时我们提到《钻地小子》的重试没有多余的画面演出，让玩家能立刻回到游戏起点重新开始。这是为了让玩家能通过自身的判断缩短失败到重试的时间。

需要一段时间来思考战略也罢，要立刻放弃本次游戏重新开始也罢，重点是让玩家能根据自己当时的心境选择他们需要的东西。

总而言之，游戏在玩家失败的瞬间最有可能被放弃。所以这里一定要多花些心思，保证节奏不中断。

## 用地形和敌人的位置传递信息

地图的地形，敌人、机关的位置都包含着向玩家传递的信息。

举个例子，某动作游戏在关卡开始时弹出窗口，内容如下。

> 敲击蓝色水晶球开启开关，移动平台取得大门钥匙之后走到大门处

不可否认，这样一来任何人都能明白接下来该干什么，但玩家会觉得自己只是在做一些早已安排好的事，劳作感太强。这个“劳作感”是游戏最要不得的，所以我们要尽量不使用语言，让玩家自己去发现。

首先设计一段天花板很低的通道，前面放一把钥匙，保证玩家从这里经过时必然能捡到它。天花板设计这么低是为了防止玩家跳过钥匙。捡到钥匙之后，让钥匙旋转着飞向右上角的大门，紧接着“咔嚓”一闪，大门被打开。

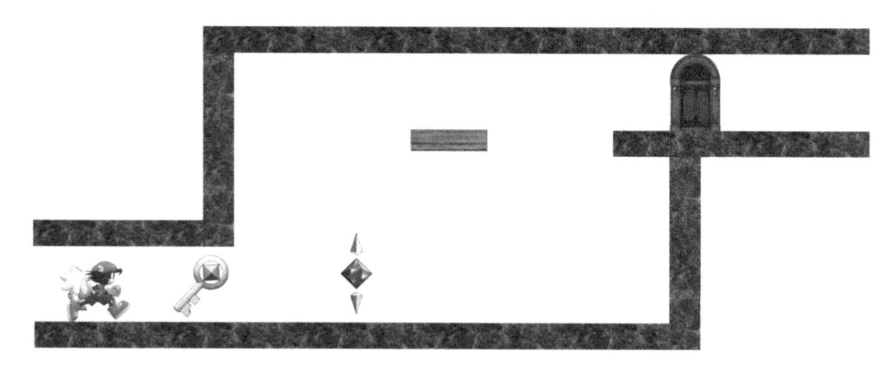

图11-1　地形与机关道具的摆放

这样一来，玩家会明白“哈哈，原来捡这个道具能打开上锁的大门啊”。

接下来的房间内有水晶和平台，平台和大门的位置很高，玩家跳不上去。“大门开了肯定是让我过去，但怎么过去呢？这个水晶感觉和平台有关系，我敲一下试试。”于是玩家按下射击键，蓝色水晶发出白光，平台开始上下移动。“哈哈，原来这样可以开启开关让平台动起来。好嘞，接下来进门看看。”可见，抛开语言，单用地图和机关道具的位置就能向玩家传递

信息。玩家能够从眼前的情况获取信息，推理接下来该做的事，进而找到破解谜题的方法。

不仅如此，由于我们成功地将钥匙与门的关系、水晶与移动平台的关系传递给了玩家，所以之后的关卡中可以进一步对这两种关系进行发挥，创造出更加复杂的机关。

人们在被别人指示做某件事情时不会有多少热情，但对于自己想出来的事却很难抑制住尝试的冲动。而且人们对推理正确，获得成功时的喜悦很容易上瘾，以至于越玩越想玩。

所以在设计地图地形、敌人的位置、道具的位置、机关的效果等内容时要多动脑筋，让所有人都觉得“是自己发现了解谜方法”。

## 迷茫会破坏节奏

玩家在玩游戏时，如果不知道接下来该干什么，那么他会做的是放弃游戏。这样一来，我们费尽心思维持下来的节奏就全被破坏了。为避免这一情况发生，我们要保证玩家在游戏中不迷茫。

比如前面举的那个天花板按一定间隔伸缩尖刺的例子，我们不是上来就让玩家体验一大串连续落下来的尖刺，而是先找个能简单避开的地方让玩家体验一下，然后再进一步发展出新花样。“这些尖刺跟刚才那个规律一样，但这次是好几个连在一起。”在这种印象下，玩家根据前面体验的规律预想到自己可以冲过去。接下来便是将预想付诸实践，顺利躲开所有尖刺，获得“成功了！”的喜悦。这个话题我们将在第 13 章详细说明。

总之，我们要考虑游戏进行过程中每一个瞬间玩家在想什么、有什么感觉、是什么心情，然后想办法让玩家跟着我们设计的思路去想、去感觉，进而获得我们希望他获得的心情。这就是游戏的设计，即设计玩家的心理。

## 玩游戏的原动力

这里我们思考一个问题：人们玩游戏的原动力是什么？人们在何种心情下最想把游戏玩下去呢？能列举出来的心情有很多，比如开心时、不甘时、寻求满足时、寻求胜利时、想炫耀时、想被人称赞时、想与其他人交流时、想帮助别人时、想获得谈资与朋友聊天时等。下面我们一个一个来看。

### 1. 开心、不甘

首先是玩得顺风顺水开心的时候。做好力所能及的事情并不会让人觉得开心，只有在不知是否能做好、心怀忐忑的情况下，我们才会获得“成功了！”的感受，所以摆在玩家面前的课题要有适当的难度。所谓适当，就是让玩家觉得自己有可能成功。一旦玩家觉得课题超出了自己的能力，他就会放弃游戏，所以要找到即将超出却还没超出的临界点，而且要让玩家知道如何做能够成功，保持一种有机会但是没有十足把握的状态。

在这个临界点下，玩家失败时会产生不甘的情绪。超出自身能力的课题也能暂时吸引玩家重新挑战，但过不多久他们就会放弃。此时人们不会觉得不甘心，而是会用一句“这游戏没意思”把自己的失败抛诸脑后。

因此，就像我之前讲过的，玩得好时如何表扬、失败时如何告诉玩家原因都是非常重要的。而且这里需要有张有弛，要把引起开心或不甘情绪的契机集中到一点。这样说各位可能不太明白，我用运动会的百米赛跑来打个比方。运动员听到“预备，砰！”起跑，撞到终点彩带的瞬间感受到“赢了！”的喜悦。正因为胜负的判定都集中到了撞线这一点上，赢了的喜悦和输了的不甘才得到浓缩，获得了最大的效果。

集中度随着到终点的距离逐渐增大，在撞线的一瞬间释放出来，这就是百米赛跑的节奏。如果不知道终点在哪里，跑着跑着突然有人跟你说“赢了”“输了”，你会是什么反应呢？开心或不甘之前先会“诶？”吧？

图11-2

再举一个运动会的例子，那就是投球入篮[①]。这项运动与百米赛跑不同，它本身有时间限制，限制时间结束后公布结果。不过各位想想看，在公布结果之前先要统计球数对吧？此时要把球从双方的篮子里一个一个地取出：“一个、两个……”在一方没有球了的瞬间决出胜负。所以投球入篮的节奏是先抵达终点，然后集中度随着一个一个地数球逐渐增强，在一方没球了的瞬间释放出来。

图11-3

① 投球入篮：日本学校运动会的常见项目，参与者分成两队，分别向自己队伍的篮子里投球，最终投入总数较多者获胜。——译者注

各位不妨回想一下电视里的竞赛型节目，他们是如何显示最后得分的呢？双方的计分板先是“唰唰唰唰唰”地高速旋转，然后“叮”地一声显示出双方得分，或者先显示一方的得分，另一方继续旋转，让人猜不透到底谁赢谁输，等到观众的胃口都被吊起来了，突然“叮”一声再显示出另一方得分。当然这只是其中之一，这类节目的节奏还有很多种。

总而言之，人们是在看到结果的瞬间产生情绪波动的，所以公布结果的节奏直接影响到玩家开心、不甘这两种情绪的强烈程度。

## 2. 寻求满足

人类是一种有收集欲的生物。收集喜欢的东西，把它们按一定顺序排列出来会让心情变得舒畅。如果这些东西不是按顺序得到的，而是零零散散到手的呢？比如一套书有 10 卷，你唯独没有第 7 卷会怎么样呢？会想尽办法拿到第 7 卷对吧？

可见，在有可收集元素的情况下，人们通常会想把它收集齐全。要想助长这种情绪，我们需要一个能把当前已获得元素按顺序陈列起来的版块。“已获得 100 枚中的 87 枚”确实也有促使人收集其余 13 枚的效果，但把 100 枚卡片全都排列在一个画面里时，那些未收集到的卡片空栏就会让人觉得像缺了颗牙似的，更想把它们补齐。

这与人们喜欢把读完的小说摆在书架上欣赏是同样道理。我们需要有这样一个能显示出完成度的直观视觉体验。如果能在获得收集元素时、添加至一览表时以及完成时根据玩家当时的心境安排适当的特效，其效果自然更加明显。这里还要重视稀有度的平衡性，越稀有的东西特效要越夸张。

接下来要说的一点会涉及调整方面的问题，那就是收集元素的总量决定了玩家在游戏中获得收集元素的大致时间点。我们要对获得收集元素的频率（玩几次获得一个）心里有数，因为它决定了收集机制的节奏。

以一天玩一小时为前提，玩一次大概能获得一个的道具与玩两三次才能获得一个的道具相比，其价值和在玩家心中的分量截然不同。设计获取收集元素的节奏时务必要再三思量，在此基础上决定元素的量与质。假设某游戏玩家每次玩 5 分钟，玩 3 次能抽 1 次奖，那么就是每 15 分钟能抽 1 次。玩 1 小时可以抽 4 次，玩 1 个月能获得 120 个道具。于是我们可以让其中 100 个为常见道具，15 个为稀有道具，5 个为超稀有道具。

换成玩 1 次游戏能获得 10 个金币，集齐 300 个金币能抽 1 次奖呢？那就意味着玩家要玩 30 次才能抽 1 次奖。同样假设每次 5 分钟，30 次就是两个半小时，所以抽 1 次奖大概要玩两三天，1 个月只能抽 12 次。这样一来，奖品必须是非常具有价值的才行。

可见，获取收集元素的节奏跟收集元素的质及量之间有着密切关系。心理学中有“期望理论”一词，当人们发现自己只要努力就有可能达成目标时很容易获得动力。日常生活中常见的收集印章的小活动就是个很好的例子，它总能让人不自觉地想集齐所有印章，相信各位也深有体会。

## 3. 寻求胜利

人类在有竞争的情况下会热血沸腾，不需要什么理由。与别人竞争，特别是与身边人竞争都能让人热情高涨。为了获得胜利，人们会选择私底下偷偷练习，这就创造了更多玩游戏的动机。

2005 年 11 月，一款游戏的发售让任天堂 DS 势不可挡地普及了起来，那就是任天堂的《东北大学未来科学技术共同开发中心川岛隆太教授监修成人脑力锻炼 DS》，通称《脑锻炼》。这款游戏源于 2003 年 11 月发售的《川岛隆太教授之脑力锻炼成人计算练习》《川岛隆太教授之脑力锻炼成人音读练习》两本书。这两本在当年引起热潮、销售量超 100 万册的书实际上主要是面向老年人的，目的是预防阿尔茨海默病，其购入者也基本都是 60 岁以上的老年人。

© 2005 Nintendo

图11-4　掀起热潮的《脑锻炼》

由于书籍本身的性质，这两本书内没有任何煽动性的节奏，结构温和随性。不过，在改编为游戏时，设计者加入了“大脑年龄”的新概念。这样一来，《脑锻炼》的受众就从老年人一下子扩展到了所有年龄层。游戏引入了非常具有游戏特征的机制，玩家要随着节奏回答接踵而至的问题，游戏最后将公布玩家的大脑年龄。自己的大脑几岁？朋友或家人的大脑几岁？玩家看到自己更年轻时会感到开心，看到自己年纪更大则会心怀不甘。

大脑年龄的创意让《脑锻炼》从单纯的“锻炼”进化成了“竞争”，所以成功地吸引了所有年龄层人士的注意。

## 4. 想炫耀

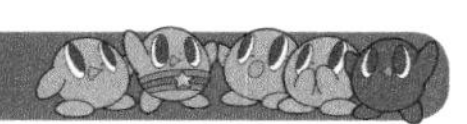

人们喜欢把自己优于他人的东西拿出来炫耀。拥有别人没有的东西时，会有拿出来让别人羡慕的冲动，所以向玩家提供“拿给别人看”的机会十分重要。近年来，玩家在游戏中打出高分时可以轻松地通过网络进行共享，比如发到Facebook、Twitter，通过LINE通知朋友，上传游戏视频到视频网站等。借助这些手段，我们能更轻松地向玩家提供炫耀的环境。

至于被炫耀的一方，除了一部分不以为然的人之外，大多会出于羡慕而产生“自己也想有”的冲动，进而促使他们去玩游戏。

为了创造炫耀的资本，我们可以设置一些非常难以获取的稀有道具，或者引入头像、角色、车子等的自定义机制，让玩家展现自己的个性，因为人类有表现“自己和别人不同”的欲望。然而很矛盾的是，人类还有表现“自己与别人相同”的欲望，所以人们会想通过多玩游戏获得那些别人有的东西。

《动物之森》就是一个以该机制成功的例子。这款游戏最初在任天堂 64 上发行，当时只有很少一部分人支持。因为在那个时代要想共享、炫耀自己的村子，必须把存档包复制下来带到别人家里读取才行。但是在任天堂 DS 上发售之后，擦肩通讯功能使得玩家只需拿着机器擦肩而过即可达到共享目的，让《动物之森》突然大热。

最后讲一个关于隐藏道具及稀有道具效果的个人观点。我一向认为，好东西所有人都想要，因此应该让所有人都能得到。举个例子，比如游戏中最强的武器非常厉害，连大型敌人都能一下子消灭掉，让人感觉非常爽。现在假设这个武器的获取条件是零失误通过隐藏的超难关卡。这样一来，能拿到它的只有很小一部分游戏高手。它是攻克了超难关卡的证明，所以拿着它自然能够炫耀。但要知道，它带来的爽快感是所有玩家都向往的东西，然而初学者和普通玩家虽然知道游戏中有这个武器，却很清楚自己不可能达到条件，所以看到这种武器时，他们心里会觉得这款游戏对自己很不友好。

反过来，对于能零失误攻克超难关卡的那些玩家而言，只要有个能证明荣耀的东西就足可以拿来炫耀了，不必非得是什么最强武器，比如标题画面的 LOGO 闪着金光或者旁边加个小☆标志之类的就足够了。

或者，最强武器的获取条件可以不与过关挂钩，比如设置成游戏次数达到 300 次的奖励。这样一来，任何水平的玩家只要花费的时间足够都能完成条件拿到它。但这种时候，一定要在条件的次数上找到一个平衡点，既保证高端玩家的自尊心不受损害，又要让初学者不觉得难如登天。

## 5. 想与其他人交流

社交网络发展至今，手边的智能机已经能让我们与其他人时刻保持交流了。人类是一种社会性的生物，追求与其他人的交流可以说是本能之一。

游戏方面也是一样，人与人交流的模式虽然从很早以前就有，比如早期电子网球游戏两人坐在一起对战，或者两台机器有线连接在一起玩对战格斗等，但现在我们已经可以通过网络轻松地与世界各地的陌生人对战交流了。

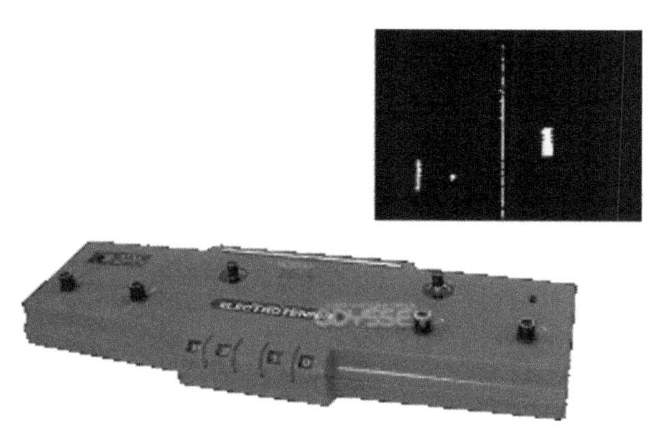

图11-5 电子网球（Epoch, 1975年）

基本上，人与人玩游戏的时候玩什么都有意思。就比方说猜拳，与电脑玩就很没意思，输了还会怀疑电脑作弊，但与人玩就牵扯到对手的性格等，能玩得十分起劲。要是再赌上今天的晚饭谁付账，那就更是一场血战了。可见，与人的交流对提升游戏趣味性有着莫大的贡献。然而今时今日，发达的社交网络往往让人与人之间的联系过于紧密，反而给我们增添了一些压力。从游戏的基本是“舒服”的角度来看，这并不是一个好现象。所以最理想的机制是玩家想交流时随时随地可以建立联系，不想交流时能在不损害对方情绪的前提下随时断开。

对于这方面的探究，今后我们还有很长的路要走。

## 6.想帮助别人

人们喜欢胜过别人彰显自己的优越，同样地，人们还喜欢帮助别人以获得感谢。现今的网络发展已经让我们能轻松满足玩家的此类需求。

网络游戏中，高手之所以愿意与新人组队手把手传授游戏技巧，都是因为他们这方面的需求得到了满足。获得帮助的一方会心怀感激地向他们说“谢谢”，这是一种无可替代的奖励。

网络的匿名性虽然有时会引发人们“互喷”等负面的攻击性，但它同样拂去了人们与人为善时的那份羞涩。特别是在游戏中，玩游戏往往使人更加坦率。如今的游戏开场部分常常做得像电影开篇一般，但早期游戏中很多都是国王一句“从魔怪手中拯救世界吧”，玩家一句“遵命”便踏上征程，毫无疑惑。

如果电影也这样开篇呢？想必这种融入感全无的电影会让不少观众直接起身离场吧。可以看出，游戏让人们的思维变得如此纯粹。所以我时常默默地想，游戏让人与人紧密联系互相帮助的机制，或许有一天能带来世界和平。

## 7.想获得谈资与朋友聊天

人类是一种需要交流的生物，与身边的人对话在生活中有着重要意义，所以人们会热衷于能提供共同话题的东西。我们的生活中，有相当多人以游戏为共同话题，这些人为了第二天仍然有话可谈，今天必须继续玩游戏。这也是让人无法放弃游戏的因素之一。

为了形成交流，人们需要使用共通的语言。于是玩家记忆游戏用语，用它们来对话，进而形成交流的感觉。在不玩这款游戏的人眼中，他们就是一群用未知语言交流的外国人。这种小交流圈子让人们萌生加入其中的欲望，从而产生继续玩游戏的动机。

## 小结

第11章我们讲了如何触动人的内心以及设计玩家的心理。接下来第12章我们将聊一聊让游戏寿命更久需要做的事。

### 专栏

#### 对不同的程序员用不同方式聊需求

程序员也是人，也有不同的类型。长期从事研究工作的往往擅长技术，给这些人写需求书的时候最好写上与节奏有关的具体数值，比如30帧淡出、6帧淡入等。也就是说，让他们先把这些需求实现出来，之后我们再做调整。这种时候，务必记得添一句“给策划层留下调整数值的余地”。

有些程序员喜欢游戏，对游戏的品味也很不错。对于这些人，要让他们对有趣的节奏有一个正确的印象。一些他们比较感兴趣的特效部分可以一定程度上由他们“全权负责”，这样有助于提升工作热情。

总之，关键在于要观察对方喜欢什么、擅长什么、不擅长什么、讨厌什么，因人而异地选择不同方式来聊需求。要知道，最大限度激发程序员能力也是策划层的职责之一。

# 延长游戏寿命

玩家买走游戏之后，我们肯定希望他能玩得久一些。要是买回去 3 天就通关，再没别的事可做，那该是一件多么可悲的事情。花那么多钱买回去的游戏却只能玩 3 天实在是不值。

手机上的免费游戏更是如此。因为这类游戏追求的就是让玩家尽可能长时间地玩，在玩的过程中慢慢想要更多的东西，于是开始充值。让人很快腻烦的游戏不会有人花钱去玩，游戏里满满都是免费玩家，根本赚不到钱。这是关系到游戏生死的问题，所以游戏必须想尽办法让玩家玩不腻才行。

## 游戏主要内容之外的课题

一个常用的方法就是设置游戏主要内容之外的课题，把它们分散到游戏各个角落。比如安排“集齐本关卡所有金币可以获得称号！”“每个关卡都有 3 个隐藏的奖章，试着全找出来吧！”等与游戏主线并无关系的课题。玩家即便没拿到这些东西也可以通关，所以拿不到对游戏主要内容没有任何影响。也正因为如此，这些课题的难度可以稍高于游戏主要内容。有了这类机制，部分玩家就会在第一次玩时先收集容易到手的奖章，等到通关一次之后，再为了集齐所有奖章把这些关卡重玩一遍。

玩家玩游戏的水平千差万别，既有初学者也有高手，我们要保证所有人都能玩得开心、玩得满足才行。从这一点来讲，游戏主要内容要维持在所有人都能通关的难度，此外可以为高手设计一些不影响通关的课题。

不断用新的关卡来奖励玩家是个可行的路子，从服务角度讲可谓满分。但考虑到开发成本的话，这种做法性价比很低。若想压低成本，最好的方法是诱导玩家重复玩已经通关的关卡。

这话听起来很像是奸商的行径，但是如果能让玩家在重复挑战关卡时注意到自己水平的提升，诱使他们去挑战隐藏奖章，改变他们与敌人的纠缠方式，就能使他们产生新鲜感，从而感受到游戏更深层次的乐趣。过多的关卡反而容易让玩家产生先玩新关卡的惯性，结果就是走马观花。所以，在关卡量适度的基础上寻求质和深度的提升，不仅能节约成本，还能增加游戏乐趣，提高满意度。

## 时刻保持前进

玩游戏遇到瓶颈，卡在某个地方死活过不去时，人们会产生厌恶情绪进而放弃游戏。所以游戏主要内容不管玩家玩得顺利与否，最好能让玩家时刻保持前进状态。某些 RPG 中玩家就算失败了也能拿到经验值，这就是个很好的例子，拿到经验值就可以升级，升了级就有更大的胜算，早晚有一天能打赢。

举个《勇者斗恶龙》的例子。玩家指挥由 4 人或 5 人组成的队伍冒险，打赢一场战斗后，有角色会随着熟悉的音效升级，屏幕上显示“力量上升了”“体力上升了”。这会儿玩家觉得该睡觉了，于是看看各角色的状态值准备关机。突然他发现僧侣还差 30 经验值升级，此时他会说“等僧侣升了级再睡吧”，于是继续游戏。

玩这款游戏的过程中，玩家角色的多种属性值会分别逐渐上升，使玩家时刻保持前进的感觉。

**《勇者斗恶龙》**

1986年，ENIX，FC

**▶ Wii U虚拟游戏平台在售**

日式RPG的鼻祖。玩家操作主人公冒险，与敌人进行回合制战斗，积累经验值使角色成长，用金币购买武器防具进行装备。最终目的是打倒龙王。

《LINE：迪士尼消消看》的机制中也能看到这种设计。这款游戏的玩法虽然是用手指连线迪士尼角色头像进行消除，但只要玩就能积累金币、玩家经验值、积木经验值。金币可以用来购入道具和礼物盒子（开启可获得新积木）。

此外还有提升积木特有能力（技能）的机制，完成特定编号的过关条件进行BINGOCARD游戏的机制，每天设置3个过关条件的“今日任务”、限定日期的活动等目标供玩家挑战，而且这些目标之间都存在着恰到好处的关联性，使得玩家一直处于前进的状态，每完成一个元素时总会有另一个元素还差一点，促使玩家继续游戏。

图12-1 MISSION BINGO

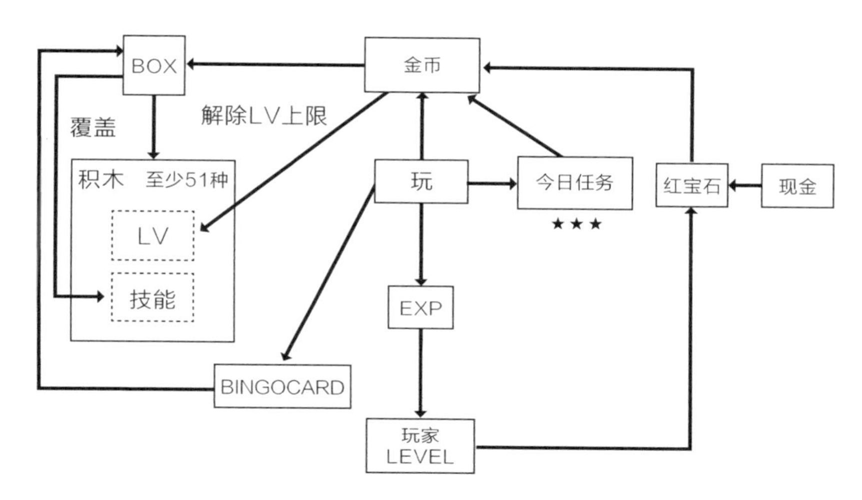


图12-2　《LINE：迪士尼消消看》的机制关系图

这样一来，由于游戏总有某些元素处于前进状态，因此玩家能获得“前进感”，就算不断重复同一种游戏，也不会感到单调。这种机制的目的就是不给玩家放弃游戏的机会。

## 改变游戏目的

还有一种办法就是变更游戏主要内容的过关条件，比较常用的手法是“竞速”。将平时玩的关卡改成竞速模式，让玩家挑战在最短时间内通过关卡，这样一来游戏的目的发生了改变，节奏和玩法的重点全都转向了如何减少多余动作、怎样攻击最有效率、道具应该在哪里用等方面。

另外，我们还可以将竞速模式和游戏主模式分开，给竞速模式设计几个不同于游戏主要内容的专用关卡。在保持原有操作感的基础上挑战充满竞速型机关陷阱的关卡，这能给玩家带来新鲜的游戏体验。相较于游戏主要内容，竞速类关卡的地图和机关的设计思路自然有所不同。制作这类关卡不会花费多少成本，而且那些用在游戏主要内容中稍显困难的关卡创意在这里或许有用武之地。

《风之克罗诺亚》中有“不断在空中抓住敌人使用二段跳跃实现空中移动”的创意，但是由于难度太高，在游戏主线中很难找到它的位置。相对地，游戏通关后附加的竞速模式“巴鲁之塔”中就大量使用了该创意，以此来让玩家挑战自己的游戏水平。相信很多玩家在通关后都曾热衷于这个竞速模式。

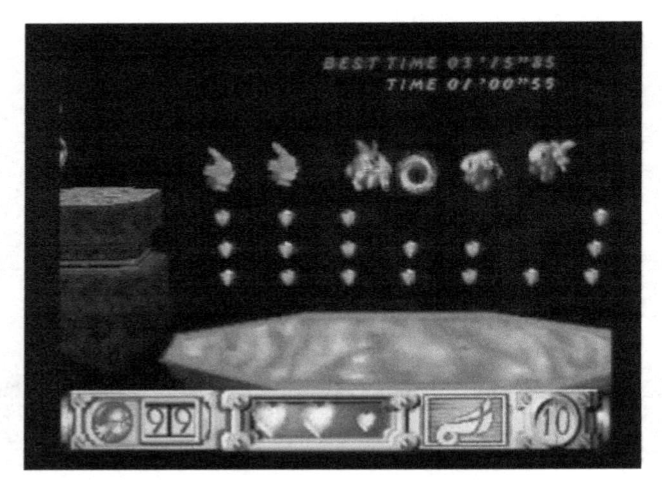


图12-3 竞速

《钻地小子》也有竞速模式。普通模式的方块是随机的，但竞速模式是一个设计好的固定地图，目的是让玩家多次挑战，寻求其中最短路线。

这个模式追求的是最舒服的挖掘路线，玩家在重复游戏的过程中能感受到自己越挖越顺，水平越来越高，这与玩游戏主要模式是截然不同的感觉。

《LINE：迪士尼消消看》的活动中有 BOSS 登场。要想消灭 BOSS，必须刺破与其相邻的炸弹(气泡)。玩普通模式的时候，玩家都是尽力去连线 7 个以上同色积木，出现炸弹后立即用掉，一口气消除大片积木。然而在对付 BOSS 时，炸弹要留到 BOSS 掉下来以后再用，这就使游戏方式发生了改变。不仅如此，在 BOSS 战中，玩家会尽量选择邻接 BOSS 的积木作为连线末尾，让炸弹出现在紧邻 BOSS 的地方，有时还会倾斜手机，以此让 BOSS 角色更靠近炸弹。

能改变游戏方式的机制是十分宝贵的，它们同时还能改变游戏的节奏，带来新鲜的游戏体验。

## 添加限制

有些玩家并不满足于普通状态下的通关，为了这些玩家，我们需要设计一些能自发提升游戏难度、增加游戏可玩性的方法。

比如 2 分钟以内过关可以获得金奖章，1 分钟以内过关可以获得白金奖章，于是为了能赶在 1 分钟之内过关，玩家必须用尽浑身解数来对付那些平时能轻松打通的关卡。这样一来，很多感觉游戏不够过瘾的玩家就又能找回游戏热情了。

另外，在游戏中禁止某些行为也可以改变游戏方式，带来新鲜感。

《钻地小子》系列中有一个机制，满足任务条件通关可获得对应卡片，比如“在不爬上任何方块的前提下通关”。平时玩家为了拿氧气胶囊等道具经常会爬上方块，这个操作自然而然地成了一种习惯。因此，在有限制条件的情况下玩家必须时刻绷紧神经，避免爬上方块，如此挖掘路线肯定也会有所变化。这种时候，越是熟悉游戏的人越能获得新鲜感。

## 模式

再大手笔一点可以准备多种模式，比如为单人游戏准备的“故事模式”“竞速模式”“解谜模式”“网络对战模式”，为多人游戏准备的“对战模式”“合作模式”等。这些模式的操作方法都与游戏主要内容相同，但规则和目的均有区别。它们既可以给玩家带来不同于游戏主要内容的体验，又可以借助操作相同这一点，用作游戏主要内容的练习场地。

《智龙迷城》有时会在标题画面中追加另一个游戏模式——《智龙迷城 W》。

图12-4 《智龙迷城W》

《智龙迷城 W》的操作与普通模式没有区别，只是每个关卡都需要按照特定条件消除转珠才能对敌人造成伤害。反过来说，如果没能满足条件，消除再多转珠也不能伤到敌人分毫，游戏将无法进行下去。

加入这一机制后游戏的节奏立刻产生了变化。比如条件是“连击中必须包含蓝色、绿色、黄色的转珠”时，玩家必须考虑如何在游戏空间内一笔划出带有这3种颜色的连击。这样一来，不假思索地走一步看一步就行不通了，玩家必须在开始移动前仔细考虑对策。

可见，为游戏机制添加限制条件后，连游戏的节奏都会发生变化。

《钻地小子》也有一个特殊模式叫“梦石模式”。

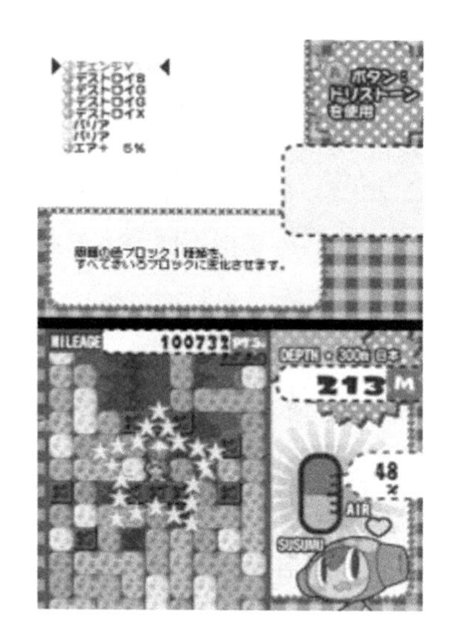


图12-5 《钻地小子》的梦石模式

在这个模式下，氧气不会随着时间减少，那么怎样才会减少氧气呢？答案是根据挖掘的次数减少。也就是说，100%的氧气总共允许玩家挖掘100次。游戏区域内会出现4种颜色的梦石，绿色可以恢复氧气，红色能消除特定颜色或特定范围内的方块，黄色能改变主人公属性，蓝色能改变方块的颜色或种类。这4种梦石可以暂停后从菜单中选择使用。

相较于普通模式，这个模式下的氧气胶囊极其稀少，这就要求玩家以尽量少的挖掘次数诱发连锁消除，从而挖掘至更深的位置。为了节约挖掘次数，玩家必须开动脑筋，思考梦石的用法、使用时机以及效果组合。

在这种机制下，游戏一改普通模式那种奋力挖掘的节奏，变成了一款要仔细思考、谨慎前行的解谜游戏。

这种节奏更加贴近设计者最初对“抽将棋”的印象。

## 改变节奏

不管是改变目的，还是添加限制，又或是增加模式，全都是为了改变游戏的节奏。玩家是被不同于其他游戏的节奏吸引过来玩这款游戏的，可是时间一长，玩家会慢慢习惯游戏的节奏，渐渐失去新鲜感，感到腻烦。为防止这种情况发生，我们需要把不同节奏的游戏方式摆到玩家面前，让他们用已经熟悉了的游戏技巧去体验。这样一来，一些早已审美疲劳的游戏将会迎来第二春，再度具有新鲜感。

各位在考虑这类创意时，请着眼于“它能改变游戏的节奏吗？”这一点上。也就是说，看看加入新的课题之后，玩家所需的技巧是不是变了，思考的要素是不是增加了，它们能不能改变游戏的节奏。这种东西泛泛地去想是永远想不出来的，必须有意识地去改变才行。一定要盯着“能否改变节奏”这个准绳去找创意，因为节奏相同的游戏就是同一种游戏。

## 小结

第 12 章我们讲了为了延长游戏寿命需要用到改变节奏的创意。

下一章我们将聊一聊游戏难度的调整。

# 第13章 游戏的平衡性

实现所有需求之后，接下来要做的是调整平衡性。这一步必须高度重视，因为这里如果搞不好，游戏要么因为太简单节奏变得松松垮垮，要么因为太难导致节奏崩溃，让玩家玩到一半失去“游戏热情”。

前面我们讲了核心创意、支撑核心的创意、扩充核心的创意这三部分的节奏，又讲了它们组合在一起形成的整个流程的节奏。这里我们将着眼点放到更加大局的位置。

至今为止我们实现的所有需求让整个游戏以怎样的节奏进行呢？

调整平衡性时，最关键的是要俯瞰游戏整体，把握游戏节奏。这里我们讲一讲游戏难度的调整。

## 难度的波动

游戏难度不能从开始到结尾单纯地呈直线上升。如果是一条斜向右上的直线会怎么样呢？玩家费半天劲过关之后等着他的是更难的一关，用尽九牛二虎之力过了这关，结果后面又是更加难的一关，最后终于遇到怎么也过不去的关卡拦在面前，此时大部分玩家都会感到无力前行选择中途举起白旗，放弃游戏。

游戏的难度需要有波动。先在游戏整个流程中创造几个高峰，途中缓慢地向高峰靠拢。等通过第一个高峰后，马上稍稍降低难度来褒奖玩家，让玩家玩个痛快。

也就是说，要按照这种规律阶段性地提升难度，让玩家慢慢提升游戏技巧，最终诱导他们完成游戏。

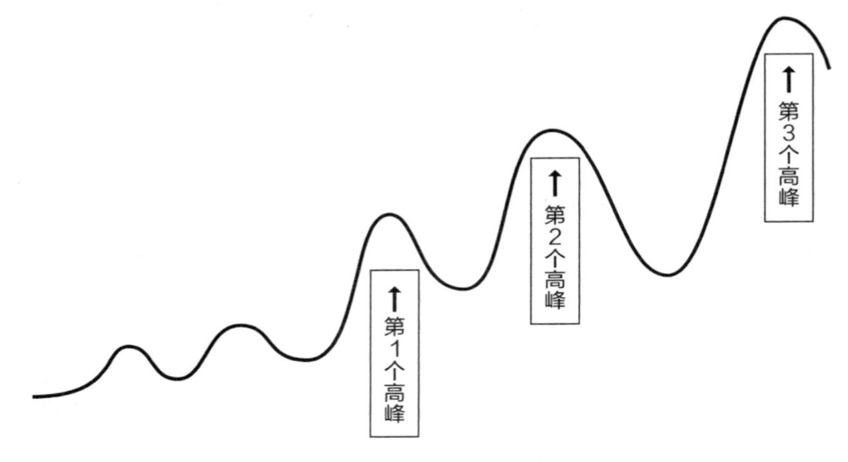


图13-1 难度的高峰

各个高峰处有的有比较棘手的BOSS，有的有复杂的机关等着玩家，等玩家攻克难关后马上降低难度，从而延长玩家过关时的激情与喜悦，让他们能洋洋自得地玩个痛快。说白了就是个小憩的场所。这样做可以将玩家从先前的紧张中解放出来，增强他们的舒服体验。高峰不仅存在于游戏整体，每个关卡中同样要有高峰。还是那句话，调整游戏平衡性的关键就在于俯瞰游戏整体，各部分的难度要在俯瞰游戏整体的基础上决定。

## 游戏的组成元素

创作游戏要在俯瞰全局的基础上充实细节，这就需要大量的创意来组成各个关卡。比如动作游戏，它需要地形的创意、敌人攻击的创意、敌人和道具摆放的创意、机关的创意等。

以地形的创意为例，可以让玩家不断往高处爬，或者一跃而下享受其动态过程，或者安排个岔路迷惑玩家，或者在跳不上去的位置安一扇门，让玩家琢磨怎样才能抵达，等等，总之需要很多好玩的地形创意。

敌人和道具的摆放也需要创意，不能漫无目的地乱放一气，而是要像我们在第10章中所说的，多弄一些让玩家能体验到杀阵之爽快的创意。

建议各位先把成员召集起来，以头脑风暴等形式大量收集创意。前面也说过，此时必须以“能否让基本概念更有趣”为评判基准。一个创意无论它本身多么有趣，只要它与基本概念背道而驰就不能予以采纳，因为它会破坏核心创意的节奏。

创意收集完毕之后要进行分类，把同种类型的创意放在一起。敌人的创意、敌人摆放的创意、地形的创意、移动的创意、陷阱的创意、特效的创意、道具摆放的创意等，我们要将这些创意写在便签上，然后在硬卡纸上分组贴出来。接下来要思考如何组合这些创意。

比如地形与道具组成好玩的摆放方式，地形与敌人的攻击组成特殊的攻略方法，机关与敌人组成有趣的组合等，总之一边在脑海中想象实际玩游戏的情景一边把它们写出来。

经过这样一番考虑，我们可以将创意分为“能与其他创意组合的创意”和“只能单独使用的创意”两类。

相较于后者，前者组合之后能使游戏产生变化，因此更具优势。因为这样可以让玩家发挥以往的游戏经验，从而提升游戏的乐趣。而且编写10段代码只能实现10种玩法和编写5段代码就能完成10种玩法一比，显然后者的性价比更高。

当然，如果单独的创意足够有趣，有趣到单凭它就能吸引大量消费者掏腰包的话，那就另当别论了。这种具有强大冲击力的创意属于杀手锏，放到玩家已略感腻烦的游戏中期通常收效甚大。总之，关键在于找到平衡点。

## 确定主题

穷尽了脑中的创意及其组合之后，我们要设计游戏整体的难度曲线，看看怎样平衡地提升游戏难度。首先要确定整个游戏的关卡数。确定关卡数便于我们计算各个关卡在游戏中所占的比例，使我们对关卡的容量有一个比较准确的印象。总共100关的游戏与总共16关的游戏相比，每关的重要性与容量大相径庭，各关卡的长度自然也不相同。关卡数确定之后，先大致给每个关卡设置一个难度。至于高峰与休息站台以什么频率出现，则要在俯瞰整体的基础上加以考虑。

接下来给各个关卡设置主题，或者说各关卡的目标。

比如“熟悉基本操作”“掌握弓箭的基本及进阶用法”等，有了主题之后，按照主题分配之前收集到的创意，然后再俯瞰整体，检查哪里多了，哪里还不足。

## 强化游戏印象

下一步要想想我们最希望玩家实际怎么玩这款游戏。先想象各个关卡的节奏。游戏整体的节奏是由各关卡节奏组合而来的，所以要对照着游戏整体的节奏感看看各关卡应该是怎样的节奏。

第6章中我们讲了往硬卡纸上贴便签以俯瞰整体的思考方法，这里我们同样要用这个方法来考虑各关卡节奏缓急的平衡性。

下面我来教各位如何写各关卡的游戏印象。

### 1. 关卡名

比如1-1或Level 36等。

### 2. 关卡的长度

估计一下打通这一关所需的时间，可以一边想象玩游戏时的情景一边用秒表计时。最好能将失败、卡关等状况也一并纳入，想象玩家在感到厌烦或腻烦之前刚好过关的极端情况。

### 3. 关卡的难度

比如难度共分5阶，这关难度是第几阶呢？难度变化较多的游戏可以细分成10阶甚至更多。注意难度不能一味地上升，要有波动。

### 4. 主题（本关的目标）

确定本关的主题，也就是确定这一关应该实现什么效果。

### 5. 让玩家享受何种乐趣

明确这一关要让玩家享受到何种乐趣，比如“接二连三消灭敌人的快感”“强制卷轴的速度感和惊险”“开动脑筋解谜”等。

### 6. 由哪些元素组成

写出地图的创意、敌人的创意、机关的创意等具体元素。如果该创意是第一次出现，最好标一个“初次”的记号。这类创意一次性出现过多会导致玩家消化不良，所以这种时候应该分给其他关卡一些。

“初次”记号只在创意第一次出现时使用。

### 7. 玩家在本关体验的游戏过程

想象玩家从关卡开始到过关的整个游戏过程，并以故事形式记录下来。

这些东西每个关卡都要写。

下面我们以架空的动作游戏为例做个示范。这款游戏的主题是“太空动作游戏”，概念是“吸收敌人并转换成能量，借助这些能量敏捷地攻略敌人和地图”，系统是“射击敌人可以将敌人吸入枪中”“可以将已吸收的敌人转化成能量发射出去”。

射击敌人可以将对方吸入枪中，从而填充能量。发射能量可以发动攻击，向下发射能量可以借助反作用力跳得更高。不同性质的敌人还会附加不同效果，比如吸收火系敌人后，向下发射时有火箭推进效果，将玩家角色推到空中；吸收水系敌人可以发射出来灭火。

图13-2 吸收敌人并加以利用的动作游戏

♡ 为初次出现的创意。

1. 关卡 1-1
2. 1 分钟
3. ★☆☆☆☆
4. 理解基本游戏方法
5. 在练习过程中体验轻松消灭敌人的爽快感
6. 2 种基本敌人（♡机械兽、♡锯子兽），没有机关
7. 面前不断出现敌人，玩家重复吸收→射出的操作。部分金币位于高处，需要用向下射击的反作用力大跳来获取。偶尔会有多名敌人同时逼近，但是击倒的顺序很明显，玩家能享受到杀阵一般的

乐趣。玩家在起伏有致的地图中四处穿梭，以压倒性的战斗力高歌猛进。整个地图没有掉下去会摔死的缝隙。玩家在途中将体验并理解升级以及基本道具的使用方法

……

1. 关卡 3-1
2. 3 分钟
3. ★★☆☆☆
4. 熟悉水机关
5. 体验具有速度感的动作以及水机关的高速移动带来的刺激
6. ♡水系敌人水蓝怪、♡水柱上的移动平台、♡水球
7. 起初可以轻松地大片消灭敌人，乘上水流之后转为强制移动，因此需要通过跳跃躲避障碍物。除了途中水柱上的平台需要注意计算时机之外，其余只要跟着金币的诱导跳跃就能顺利过关。临近过关时有一个很高的瀑布，玩家可以体验一跃而下的刺激

……

1. 关卡 3-2
2. 3 分钟
3. ★★★☆☆
4. 熟悉火机关
5. 体验有缓有急的动作以及攻略火机关的乐趣
6. ♡火系敌人火焰怪、♡有中 BOSS（约 20 秒可以打败）、♡火焰喷射口、♡火焰钟摆、♡烧塌的平台
7. 注意火焰喷射与火焰钟摆的规律，算准时机前进。途中会遇到普通跳跃上不去的悬崖，需要向下进行火焰射击飞上去。中盘平台开始着火并不断崩塌，玩家必须迅速跳至下一个平台，最后将在

命悬一线的时刻勉强通过所有平台。中 BOSS 不太好对付，打败它之后将迎来前面所有机关的组合

……

1. 关卡 3-BOSS
2. 3 分钟
3. ★★★☆☆
4. 水球机关的应用
5. 躲避火 BOSS 的攻击，利用关卡 3 中学会的技巧击败 BOSS，体验胜利的喜悦
6. ♡火 BOSS、火焰王登场、火焰喷射口、火系敌人、水机关（水球）的应用
7. 火 BOSS 随着巨大的火柱登场。玩家要躲避火焰喷射以及火 BOSS 嘴里吐出的火球，借助向下的火焰射击跳至 BOSS 身后，抓住水球攻击其屁股上的弱点

每一关都要以这种形式写出来，要在俯瞰整体的基础上想象玩家实际玩游戏时的情景。

接下来综合考虑关卡的长度与玩家所需游戏技巧的难度，看看关卡内容相对于游戏时间是否过多，是否给玩家留了充足的练习时间。如果机关的难度过高，可以考虑设计一个该机关的简易版本，将简单的和难的分别安排在不同关卡，让玩家慢慢去熟悉。关卡内容过多时要进行删减，如果因为舍不得删除而一股脑全加进去，玩家很可能跟不上游戏的节奏。反过来，有些关卡的内容太少太单调，此时就需要添加适合该关卡的新创意。

像这样俯瞰下来，我们能轻松分辨出哪里创意过剩、哪里不足。过剩的部分要削减或重新分配创意，或者将多个创意合而为一。不足的部分则要明确该关卡是做什么的、需要何种难度的何种创意，在此基础上

开动脑筋寻找新创意。

总而言之，我们的目光不能局限于某个关卡，要从整体的平衡性出发进行判断。与此同时，还要时刻注意两点，一是“能否升华核心创意”，二是“是否拖累节奏”。

## 教学式难度变化

关卡中包含初次登场的敌人或机关时，首先要让玩家安全地了解其特征。初次登场的元素先要“混个脸熟”，所以要让玩家单独体验该元素，不要与其他元素混搭。而且登场时务必避开危险场所，要为玩家预留安全的空间。比如会直线喷射火球的敌人，我们可以将它安排到高台上，保证玩家径直走过来时不会被火球打中。另外，地面缝隙等陷阱最好不要出现在这种场合。

图13-3　让玩家在安全位置了解敌人的攻击模式

熟悉吐火球的规律之后，玩家可以跳上高台体验消灭该敌人的感觉。这样一来，我们就在很安全的情况下将这种敌人的攻击模式告诉了玩家。接着我们再换一种情况让玩家体验这种敌人。

图13-4 情况不同，但玩家已经了解了敌人的攻击模式，所以能做出预判

这次把敌人放在悬崖下方。玩家已经知道这种敌人每隔一段时间会吐一发火球，所以能够算好时机跳下去。不过这次的悬崖比较高，落地所需时间比之前跳上高台更长，所以行动时机会有所不同。另外，如果再摆上一个道具，或许能进一步增加跳跃的动感。玩家若想获得道具，跳跃时机将更加难以把握。

等玩家熟悉这种敌人之后，我们就可以“正式启用”它了。下面让玩家在稍微危险的环境下体验这种敌人。

这次让玩家在算好火球规律后跳过火坑，紧接着在落地的一瞬间发动攻击。选错时机碰到敌人的话会有被打落火坑的危险，紧张感十足。

接下来再设置一个定时向上喷火的机关，玩家必须同时算好这两个元素的规律才能跳过去，游戏难度进一步提高。这就是“应用”阶段。当然，向上喷火的机关也需要事先在简单的地形上单独拿出来让玩家体验一下。

图13-5　此时再失败将伴随危险

13-6　有序向上喷出的火柱与敌人吐出的火球的组合

这种让玩家逐渐熟悉敌人或机关，最终完成高难度技巧的诱导方式称为“教学式难度变化”，重点就是一步一个台阶，总结起来如下所示。

### (1) 亮相

目的就是介绍该机关或角色会以何种规律做何种事情，所以要保证不与其他机关或敌人组合，选择安全的位置让玩家单独体验。

### (2) 正式启用

让玩家在应对敌人或机关时伴随一定风险，能感受到刺激。

### (3) 应用

让玩家体验更高难度的游戏，可以连续安排同一机关，或者与其他机关和敌人相组合，甚至让多种敌人发动复合攻击。

重复上述步骤能让玩家在逐渐熟悉游戏的过程中提升游戏技巧，这是为了提高第 11 章中讲到的“失败的合理性”。

另外，这种循序渐进的介绍方法可以让玩家在游戏中自行学习，主动研究攻略之法，体验尝试并成功的快感。如此成长起来的玩家在面对复合型敌人或机关时能判断出应对之策，即便失败也会理性接受，接着考虑下一个战术并重新挑战。

## 画面内的信息

玩家只能通过画面中的图像获取信息来判断当前情况。这说来像是废话，却是我们在调整过程中经常忘记的一点，所以要特别注意。

要知道，游戏的敌人列表、道具列表、地图等都是开发者亲手做的，即便开发者装作什么都不知道，在游戏中也会不自觉地将画面中没有的信息装入脑海中，所以在做调整时，一定要时刻想着现在画面中出现了什么。想想此时玩家会看哪里，是眼前的敌人还是上方的道具，下一秒敌人突然从上方跳下来的话，玩家会是什么反应，我们必须想到玩家在各个瞬间做出的判断。

还有一件事需要注意。一个东西（比方说敌人）进入画面时，绝大部分玩家是无法第一时间注意到的。开发者知道哪里安排了敌人，所以在敌人进入画面的瞬间就能看到，但玩家们会慢半拍，这一点必须牢记在心。毕竟被已认知到的危机打败和被未知的危机出其不意地袭击，两种失败的合理性天差地别。

## 试玩样本

在思考关卡设计的过程中，我们会想到一些复杂有趣的状况，迫不及待地想把它们加入游戏。但请不要操之过急，这可能是个危险的陷阱。

开发者从游戏制作初期就一直在玩，总计下来已经玩了几百个小时。此时的开发者对操作极其熟练，略微有难度的调整已经无法满足他们了。

然而这是玩了几百个小时以后的事了。玩家不会在玩了几百个小时后再来玩你这一关。

所以这里应当忍住诱惑，适可而止。开发者觉得“是不是有点简单过头了”的难度对玩家来说正合适。

为防止这里出篓子，最好的方法是找团队以外的人，而且是对这款游戏一无所知的人来试玩。毫无预备知识的人试玩游戏能教给我们很多东西。

首先记得把游戏机和录像机接在一起，把玩家的游戏过程录制下来，趁此机会最好让玩家从启动游戏开始体验。

然后重要的是躲在远处观察，绝不能与玩家有交流。试玩请来的往往是亲朋好友，所以他们在遇到困难时会毫无顾忌地问：“这个能行吗？”就算我们说“不知道”蒙混过关，他们也能从我们的表情或语气中找到提示，这样一来就不能叫玩游戏了，所以一定要注意。

玩家迷茫、苦恼的地方都是非常重要的信息，所以玩家在无任何提示状态下的试玩录像具有很大的参考价值。

试玩之后，要与玩家面对面交流，问问他在游戏中遇到哪些苦恼，有什么不明白的地方，遭遇了哪些麻烦等，然后看着录像对游戏过程进行分析。玩家往往会在开发者意想不到的地方遇到问题。

在开发末期进入最终调整之前，收集一些试玩样本能有效提高调整的品质。所以在进入这个阶段之前，所有有关游戏的消息一定要对即将进行试玩的人保密。这种没有任何预备知识的试玩者最好能安排10个人。

## 调整的项目要尽量少

讲讲我以前创作某对战型动作游戏时的经历。作为对战型游戏，玩家对战电脑的模式自然不能少，这就需要设计敌人的思维方式。然而我最初拿到的设计书上存在一个问题。设计思路本身很不错，但是参数太多，对所有角色进行调整要花费太多的时间。

游戏如果真的想模拟现实，那将面临规模巨大的调整。调整规模一大就需要更多时间进行尝试与修改，结果不是开发延期就是质量尚未提升就面临发售。

但如果只要求“像那么回事就行”，相同内容就可以通过非常简单的机制来实现了。与其说游戏不是现实的模拟，不必一切跟着现实走，不如说游戏必须频繁触发核心创意的概念，我们的调整应该跟着这个标准走才对。

这种时候，调整项目太多会使得各项目之间存在过多的牵扯，最终可能导致调整工作做不完。也就是说，如果搞不清楚提升哪个参数会引起何种变化，哪两个参数之间存在关联，如何调整能获得我们想要的结果等问题，调整工作必然复杂化。

所以我们要开动脑筋，用尽量少的参数完成尽量多的工作，以达到以假乱真的目的。说到这里不得不提一下以前我上司创作的一款赌博机。赌博机就是投入硬币玩梭哈、二十一点、老虎机等游戏的机器。当时我上司独自一人写完了赌博机的全部机制。

他给我看了一个特别简单的机制，这个机制被他称为WIN-LOSS控制器。所谓WIN-LOSS控制器，就是控制赌博机中奖与否的机制。该机制中有 16 个（0~F）随机数表（中奖概率），从哪个表取随机数由内部点数的值决定。0 为基本不会中奖，F 为基本都会中奖，各表的内部点数分别为 00~0F、10~1F、……、F0~FF。每次抽到未中奖时内部点数就会增加一个任意值（增加值 N），这样一来，连续未中奖会使得中奖概率越来越高。而每次抽到中奖则会减去一个任意值（减少值 M）。

也就是说，增加值 N 较大的时候中奖概率提升很快，较小的时候则需要很长时间才能积攒出高中奖概率。同时，减少值较大时中一次奖之后很难再中第二次，较小时则中一次奖之后相当一段时间都很容易中奖。我们只需调整 N 和 M 两个值就能做出无数种平衡性。这个简单的机制让当时的我颇为震撼。

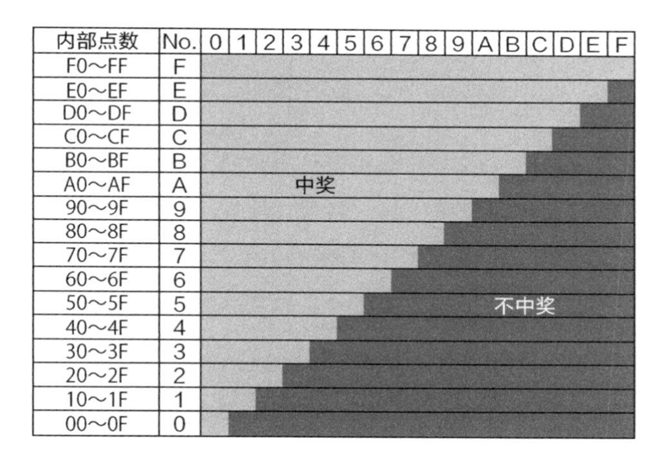


图 13-7　WIN-LOSS 控制器

于是我就想：这个能不能套用到角色的行动上呢？给每个角色设置一个初始值 S，通过 3 个变量进行调整。随机数表代表攻击和移动的比率，通过调整内部点数来构成角色的特性。比如初始值 S 为 FF，增加值 N 为 0，减少值 M 为 10，那么角色将在一出场时疯狂攻击，但很快会力不从心，攻击频率下降。

相反地，设置初始值S为30，增加值N为10，减少值M为1的话，角色一开始并不怎么攻击，但随着战斗时间增长，攻击频率将越来越高。

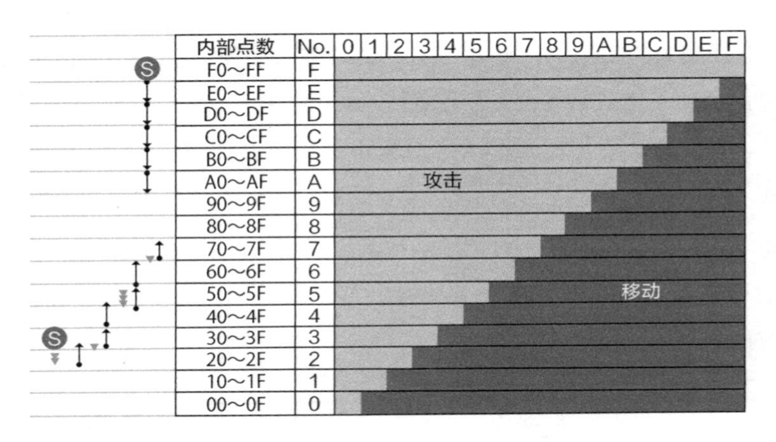


图13-8 WIN-LOSS控制器的应用

这样一来，我们只用很少的调整项目就创造出了多种变化，非常有效地简化了调整工作。调整工作一旦轻松下来，我们不仅能把更多时间用在创作上，在比较角色特性等问题上也有了更加明确的衡量标准，对提升产品质量有着重大影响。所以说，这类机制的相关知识对策划而言是很重要的，它们稍作变形就能套用到各个方面，各位不妨也开动脑筋试试看。

## 不知如何调整时该怎么办

比方说现在有两个看上去都行得通的调整方案，我们该选哪一个呢？看试玩样本发现当前难度对这个人来说正合适，对另一个人来说却太难，那我们应该按哪边调整呢？这种时候应该怎么办呢？

就我的经验而言，如果这些问题发生在游戏主线上，那就“选简单的一方”。因为在游戏主线卡关的话，无论后面的内容多么有趣，对于无法继续前行的玩家来说都相当于不存在。游戏主线最好能让绝大部分人通关，所以遇到这种情况时选择简单的一方比较保险。较难的一方可以用在不影响通关的支线或者是获取额外得分的路线上。

另外，就算简单的游戏内容招来一部分玩家的不满，这部分玩家也只是没在当前的难度中找到满足感而已，他们还会继续游戏。等他们玩过隐藏关卡或收集奖章等机制后，这份需求说不定就被满足了。

但是，由于难度过高而招来玩家不满的话，这些玩家会给游戏贴上“渣作”的标签，并且绝不会再碰这款游戏。

所以在找不到方向时，选简单的一方就好。

## 隐藏关卡

刚才我们说较难的创意可以用在支线上，但支线也位于游戏通关之前，此时玩家的游戏技巧并不是很纯熟，所以或许有些有趣的创意用在支线中也显得过早。

这些创意既有趣又有挑战性，完全可以拿来给高手们享受，就这样因为太难而忍着不用是不是太可惜了？

针对这种情况，建议在通关后，即看完结束动画后安排一些隐藏关卡。这些关卡并不会要求所有人都要通关，所以可以尽情添加面向高手的创意。当然，能让初学者也乐在其中的隐藏关卡自然是上上之选。

有一点需要注意，隐藏关卡充其量不过是个“附赠品”，它完全独立于主线之外，游戏主线必须在主线之内完结。隐藏关卡不能让人觉得是非打通不可的关卡，因为我们必须保证通关主线能给玩家带来最大的解放感。

# 黑白棋效应

不管创意再怎么好，调整上一旦失误，最终结果还是一款“无聊的游戏”，所以调整永远是我们头痛到最后的环节。头痛着痛着，就容易失去方向。

团队成员从开发初期就在玩这款游戏，体验过从初期阶段到调整阶段的所有难度组合，如今再让他们回想最初玩游戏的感觉，那根本是天方夜谭。

为调整而头痛时，最好把所有注意力都转移到对试玩样本的客观观察和分析上。下面这种情形是最理想的。

一开始所有人都能轻松上手，而且能轻松完成最舒服的体验，感受到这款游戏的乐趣。

也就是要让玩家在游戏中玩个痛快。

“我玩得是不是很棒？”

随后在第一个难度高峰迎来一番苦战。

此时玩家先是意外，随后想：

“不该这样啊，刚才是我疏忽了。”

“只错了一步，下次肯定能行。”

只要玩家还在这样想，他就不会放弃游戏。

游戏难度保持在“知道该怎么做却就是做不好，然而有希望成功”的平衡点上，让玩家时刻觉得自己有可能通关。此时必须潜移默化地将“现在该做什么”的信息传递给玩家。

如果能创造出上面这种情形，说明调整得很到位。

不过，调整是一种很难十全十美的工作。我们开发完毕之后再回过头来一看，绝大多数时候会发现哪里做得不够，哪里平衡性稍有欠缺，总之需要反省的地方有很多。

要想保证玩家能说一句“好玩”，至少要让自己对下面这一点有充分的自信，那就是“第一次玩的时候觉得非常有趣，游戏通关时充满成就感和解放感”。正所谓“首尾做好，万事大吉”，只要刚开始的时候能抓住玩家的心，最后的时候能让玩家充分享受成就感，就算中间多少有一些不平衡，玩家也会觉得“虽然有差强人意之处，但总体很有趣，这游戏没白玩”。这就好像下黑白棋，只要两头都是白子，中间所有黑子就都会被翻成白子。

## 小结

第 13 章我们讲了如何调整难度。第 14 章我们将谈一谈游戏与剧情的关系。

# 第14章

# 剧情在游戏中的意义

对如今的游戏而言，有剧情已经是理所当然的事情。那么，游戏和剧情究竟是一个什么样的关系呢？这里我们就来聊一聊游戏的剧情。

## 影院 DISP.

我在进入游戏业界之前，曾经向电影公司、电视台、广告制作公司、出版社等单位投过简历，结果没有一家聘用我。最终聘用我的是TEHKAN株式会社（TECMO公司的旧称）的销售部。进公司半年之后我被调动到开发部门，开始参与游戏策划，并由此喜欢上创作以及给人带来快乐。一年之后，FC的热潮到来了。

当年不论是街机游戏还是FC游戏，都有着一定的背景设定。然而当时的背景故事真的只能算是附属品，最多就是在画面中央摆一个四方的小窗口，里面放几张静态插画，再在下面写段台词罢了。

我当时就在想，只要完全发挥FC的功能，完全可以做出电影或赛璐璐动画的效果，可为什么所有人都不这么做呢？

所以在开发FC版《忍者龙剑传》时，我决定全面导入剧情，在幕间加入宽荧幕演出。毕竟这是我曾朝思暮想的电影创作，所以投入了相当的精力，还煞有介事地起了个“影院DISP.”的名字。

FC卡带的ROM容量本就不大，像《忍者龙剑传》这种将近半容量分给演出的游戏还尚无先例，所以这款游戏可以说是首款剧情动作游戏。当然我们并没有在游戏主线的画面上偷工减料，一张卡带能装下这款游戏，多亏了我们在极力压缩角色上下的功夫。游戏发售之后，影院 DISP. 被炒得沸沸扬扬，游戏本身也获得热销。

当时的我思考过一个问题：将游戏与有完整脉络的剧情结合在一起有什么意义呢？那时的游戏剧情无外乎国王说一句“邪恶的怪物在威胁着世界，快去消灭它吧”，于是勇者踏上征程。但是正常电影根本不会这么开场对吧？所以我特别想做这样一段剧情：让主人公受人所迫奔赴战场，为救心爱之人一路奋勇杀敌，最终拯救了全世界。

比起那些单纯为杀敌而杀敌，为前进而前进的动作游戏，玩家与被命运玩弄的主人公产生共鸣时，内心更容易被触动，怀抱一份宿命或使命握起手柄，重新诠释战斗的意义。

谜团套谜团，剧情峰回路转，接下来的故事总是吊着玩家的胃口，这不但给了玩家不放弃游戏的动机，也让玩家有了继续玩的冲动。

最关键的是，在通关之后等待着玩家的结局画面能产生强烈的解放感，将玩家的成就感推至最高潮。

我的这种想法源于当初看《勇者斗恶龙》结局时的那份感动。虽然那只是一个滚动的员工名单，我心中却像是在看电影，之前玩游戏的一幕幕如走马灯般从眼前闪过。我过去从没在游戏中见过这种画面，所以当时颇受震撼，以至于结局播完之后仍然感慨万千。

不过，在《勇者斗恶龙》这样的 RPG 中，不管玩家的游戏技巧多么差，只要坚持玩下去就能不断积累经验升级，最终肯定能击败龙王，看到结局。

但是动作游戏不同，游戏技术太差会造成卡关，使得剧情无法推进。这种时候，让人无法过关的高难度会给玩家带来压力。这就像你去看电影，看到一半被人轰了出来。所以剧情模式的难度必须调整到面向所有人的级别。从这个意义上讲，《忍者龙剑传》的难度太高了。

所以说，加入剧情是一把双刃剑。

## 游戏与剧情的关系

在游戏各关卡之间插入视觉动画叙述剧情时，最要引起注意的就是“不能破坏节奏”。能轻松过关的地方，幕间演出要轻描淡写，越过难度高峰之后的幕间演出则要不遗余力。总之要让演出的节奏契合玩家当时的心境或节奏，成为其心境或节奏的延长。

由游戏部分进入幕间演出时，要保证将玩家当前的心境延续到幕间演出之中。反过来也一样，由幕间演出回到游戏部分时，要保证玩家的心境不出现断崖式的错位。心境一旦错位，游戏与剧情不但无法发挥相辅相成的作用，反而还会导致节奏崩坏，降低玩家的游戏热情。

游戏不是电影，它是一种具有互动性和能动性的媒体，里面的主角是玩家，所以剧情发展必须时刻紧贴玩家的心境变化。从能动型的游戏转入被动型的影片或演出的这个衔接点要想做好，必须最大限度地考虑玩家的心境。

近来的欧美游戏越来越重视互动剧情的体验，其中《神秘海域》表现优异。有时我们很难分辨其中的游戏部分和剧情部分，玩家可以在自由的操作中推进游戏与剧情。游戏中有这样一段情节，主人公潜入一座废弃大楼中，以散乱摆放的桌子为掩护与敌人枪战。此时一架武装直升机从墙壁缺口处射入一枚导弹，瞬间整个大楼开始倾斜，桌椅等滑向窗外，主人公（玩家）也随着它们一起向外滑。随后眼看临近大楼的房顶越来越近，主人公突感事态不妙，赶忙纵身一跃，在紧要关头跳上屋顶捡回一条命。其间不管玩家怎么玩，最终都会被诱导到这个剧情里来，就好像强行将玩家拉进了动作电影中，让其亲身体验其中一个情节。这种体验感非常棒。

## 非游戏莫属的剧情

游戏剧情的发展需要玩家能动地参与其中，所以充分发挥此特性的剧情是非游戏莫属的，小说与电影想模仿都模仿不来。“像电影一样的游戏”不在少数，“像游戏一样的电影”也并不稀奇，但是像电影的游戏不可能超越电影，像游戏的电影也不可能超越游戏。

电影就应该追求唯有电影才能做到的东西，游戏也是同样道理。我对“非游戏莫属的剧情究竟是什么样？”这个问题思考良久后得出的答案就是《风之克罗诺亚：幻界之门》。

游戏一开头，有东西坠落到后山的山顶上，主人公心生好奇想去看一看。这是我们在动作游戏中司空见惯的剧情，使用它是为了让玩家不对剧情过分关注。但是游戏中期氛围急转直下，剧情突然变得严肃起来，让玩家对在游戏末尾即将面对的东西有一个预测。

但是到了末尾，剧情迎来谁也料想不到的巨大反转，最终在高潮之中宣告结束。

还没有玩过这款游戏的读者最好在通关游戏之后再继续看下面的内容，因为我下面要讲的内容恐怕只有已经看过结局的人才能够理解。

这款游戏的剧情其实是游戏本身的Mategame，它表达的是“究竟什么是玩游戏？”这样一个疑问。游戏的主人公克罗诺亚是玩家的分身，实际上，克罗诺亚的名字本身就隐含了克隆的意思。人们开始游戏后，通过游戏播放的影片了解主人公(= 自己)的人物设定，无条件地接受该设定并开始冒险。人类在玩游戏时就是如此纯粹且直率。玩家通过游戏获得各种各样的体验，最终以通关游戏的形式给游戏世界画上句号，回到现实中来。

那么，游戏世界只是黄粱一梦吗？不，玩家在其中感受的、思考的、体验的都确确实实存在，那些都是玩家通过实际行动获得的。所以剧情结束后与开始前相比，主人公，也就是玩家，必然有所成长。当自己注意到这点时，就又回到了游戏开场时那一句："我觉得很神奇……"整个故事形成一个闭环。

我创作这个剧情的初衷，就是希望在游戏世界的体验能给现实世界的玩家有所启发。

游戏最大的特征是其互动性，所以我们不能单纯地让玩家看一个个电影片段，而是要寻求游戏独有的表现方法。我的这些文字如果能或多或少引起你的共鸣，那么建议你静下心来对此深入研究一下。

在此深深地希望能在各位的作品中体验到非游戏莫属的感动或震撼。

# 后记
# 创作这世上没有的东西

至此，我在创作游戏中的思路历程基本上全都讲完了。最后为如今奋斗在游戏创作岗位的，或者意欲投身游戏创作的读者多说几句。

## 游戏创作的经验

游戏是以给人带来快乐、带来笑容、带来感动的方式让人感到幸福的东西。然而真正能创作出这样一款游戏的话，那可是难能可贵的经验。所以如果各位有机会创作游戏，请倾尽一切去给人带来快乐，坚持不懈地追求它的极致。

游戏也是商品，能否拿来赚钱固然重要，但是我们在上面倾注了多少热情、为玩家考虑了多少却更为重要。

我在 TECMO 工作时，一位部长跟我说过这样一句话：

“你们的工作就像是宫廷画师。”

他把我们的工作比作中世纪应君主要求作画的画家。也就是说，就像那些画家在满足赞助者要求的基础上展现自己独有的创意一样，我们也要在满足商业作品要求的基础上，重视自己的创意。

与过去的小规模开发相比，如今的大规模开发体制确实很难发挥出个人的创意。但是也正因为这种经验如此难能可贵，我们才应该抓住一切机会，在世上留下一个唯有自己才能实现的东西。

当然，创意再好也要符合整体的概念，不能破坏流程与节奏。看过前面内容的读者对此应该深有理解。

## 这世界不需要重复的东西

每次演讲最后我都会加一句：

**“这世界不需要重复的东西，所以要创造世上没有的东西。”**

难得有机会从零创作一款游戏，我们应该追求尚不存在的东西、从未有过的体验、从未见过的事物、从未体验过的乐趣、从未有过的感触，不要再去模仿或抄袭现有游戏了。

前面也说过很多次，这里不是指创作100%全新的东西，而是让各位不断去追求探索，尽量加入新的元素，找到不同的切入点，带来不一样的感触。所以在创作时要时刻想着“我创作的东西能给人们带来何种未知的体验”。

## 致意欲投身游戏业界的读者

最后还有几句话献给意欲投身游戏业界的读者。

我刚进游戏业界那会儿并不是所有人都玩游戏，公司内聚集着有各种志向的人。现在以喜欢游戏为由想投身游戏业界的人越来越多了。

但是我觉得，喜欢游戏并不是当游戏策划的充分理由。因为喜欢游戏只是想给自己带来快乐。相较于这种人，那些看到别人开心而感到幸福，喜欢给别人带来快乐的人更适合创作游戏。

我并不是否定各位的创造力，但创作游戏不可以是自我满足，创作游戏的第一动机应该是给别人带来快乐。

以前 NAMCO 有句广告语是“创造‘玩’”，我觉得非常好。不是创造“游戏”，而是创造“玩”，这就脱离了游戏的限制，只要是“玩”就行。吃咖喱可以是“玩”，吃饺子也可以是“玩”。目光局限在游戏中的话，我们永远看不到这些可能性。

人在公司自然不能尽如人意。抱着“喜欢游戏，想创作自己喜欢的游戏”这一想法进公司，那是很难如愿以偿的。这样一来，在公司的工作会很难熬。

相对地，抱着“想给别人带来快乐”的目的进入公司的话，不论做什么工作，参加什么项目，都是向着“给别人带来快乐”这个方向在前进，干起活来就会动力十足。

如果只是喜欢游戏，最好不要尝试创作游戏，建议老老实实地做一名玩家。

另外，有些人来面试的动机是“想通过游戏展现自己”，这类人更适合做艺术家，搞艺术方面的活动。

总而言之，让想给别人带来快乐的人来创作“玩”是我最想看到的结果。

我要说的就是这些，感谢各位耐心读完本书。如果本书能对各位现在乃至未来一段时间的游戏创作有所帮助，本人将倍感荣幸。

话说回来，这本书只是我个人总结的一些窍门，各位不必严格按照它来执行。如果您对本书的内容心存疑虑，进而找出了独自的创作手法，那更是再好不过的事情了。

差点忘了我在“前言”中留的那个作业。节奏占九成，那么剩下的一成是什么呢？讲到这里我自己也明白了，剩下的一成只能是：

**“一颗希望给别人带来快乐的心。”**

希望各位在创作“玩”的过程中能时刻保持给别人带来快乐的初衷。各位创作的“玩”能给全世界的人带来笑容，带来和平，这才是游戏最根本的目的所在。

阅读《游戏创作入门》是我写下这本书的契机，最后在这里向《游戏创作入门》的作者 Asuna Kouji，为本书提供参考意见的加藤政树，几经推敲、为本书提出宝贵建议的 SB Creative 的品田洋介、福井庄介献上由衷的感谢。

当然最该感谢的还是各位阅读本书的读者，谢谢你们！

# 作品列表——吉泽秀雄

## TECMO

| 硬件 | 标题 | 职位 |
|---|---|---|
| AC | *Pinball Action* | 副策划 |
| FC | 《炸弹人杰克》 | 总监 |
| FC | 《超级雷鸟号》 | 总监 |
| AC | 《捉虫敢死队》 | 总监 |
| FC | 《忍者龙剑传》 | 总监 |
| FC | 《忍者龙剑传2：暗黑邪神剑》 | 总监 |
| FC | 《拉迪亚战记——黎明篇》 | 总监 |
| FC | 《推手大相扑》 | 制作人 |
| AC | *Super Pinball Action* | 制作人 |
| FC | 《忍者龙剑传3：黄泉方舟》 | 制作人 |
| FC | 《功夫猫党》 | 制作人 |

## NAMCO（BANDAI NAMCO GAMES/ BANDAI NAMCO Studios）

| 硬件 | 标题 | 职位 |
|---|---|---|
| SFC | *Super Family Tennis* | 总监 |
| SFC | 《幽游白书》 | 总监 |
| SFC | 《幽游白书　特别篇》 | 总监 |
| PS | 《风之克罗诺亚：幻界之门》 | 总监 |
| Wii U | 《Wii运动俱乐部》 | 总监 |

| | | |
|---|---|---|
| SFC | 《超级瓦强大冒险》 | 制作人 |
| PS | 《扣杀球场》 | 制作人 |
| PS | 《山脊赛车4》 | 制作人 |
| PS | 《超级自由人》 | 制作人 |
| PS | 《皇牌空战3》 | 制作人 |
| PS2 | 《风之克罗诺亚2》 | 制作人 |
| WS | 《风之克罗诺亚：月光博物馆》 | 制作人 |
| GBA | 《风之克罗诺亚：梦中帝国》 | 制作人 |

| | | |
|---|---|---|
| AC/PS/DC/GBC/WS/PC | 《钻地小子》 | 制作人 |
| AC/GBA/PC | 《钻地小子2》 | 制作人 |
| PS | 《钻地小子Great》 | 制作人 |
| GBA | 《钻地小子A：不可思议的细菌》 | 制作人 |
| GC | 《钻地小子：钻子大陆》 | 制作人 |
| DS | 《钻地小子：钻子精神》 | 制作人 |
| DS | *Pac-Pix* | 制作人 |

| | | |
|---|---|---|
| DS | 《右脑达人：爽解！找茬博物馆》 | 制作人 |
| DS | 《爽快连锁方块立体方块》 | 制作人 |
| DS | 《右脑达人：育儿猜谜》 | 制作人 |
| DS | 《右脑达人：爽解！找茬博物馆2》 | 制作人 |
| DS | 《磁幽灵猎人》 | 制作人 |

| | | |
|---|---|---|
| Wii Ware | 《肌肉行进曲》 | 制作人 |
| PC | 《吃豆人E1大奖赛》 | 制作人 |

| | | |
|---|---|---|
| DS | 《超剧场版KERORO军曹3：天空大冒险》 | 制作总指挥 |
| Wii | 《家庭赛马》 | 制作总指挥 |

| | | |
|---|---|---|
| Wii | 《快乐组舞》 | 制作总指挥 |
| Wii Ware | 《钻地小子世界》 | 制作总指挥 |
| Dsi Ware | 《钻地小子》 | 制作总指挥 |
| DS | 《有罪x无罪》 | 制作总指挥 |
| 3DS | 《吃豆人&大蜜蜂》 | 制作总指挥 |

| | | |
|---|---|---|
| DS | 《不幸蝙蝠 – 摩莉莉的不快乐计划》 | 监修 |
| Wii | 《风之克罗诺亚：幻界之门》 | 监修 |
| DS | 《超剧场版KERORO军曹：击侵龙战士》 | 监修 |
| DS | 《小瓦强大冒险》 | 监修 |
| 3DS | 《吃豆人派对 3D》 | 监修 |

截至 2015 年 12 月

AC=街机
FC=红白机
SFC=Supper红白机
PS=PlayStation
PS2=PlayStation2
WS=神奇天鹅（WonderSwan）
GBC=Game Boy Color
PC=个人电脑
GBA= Game Boy Advance
DC= Dreamcast
GC= GameCube
DS=任天堂DS
Wii=Wii
Wii Ware=Wii Ware
Dsi Ware=Dsi Ware
3DS=任天堂3DS
Wii U=Wii U

# 版权声明